I0051894

.

# TRAITÉ

## SOMMAIRE

## DES COQUILLES,

### TANT FLUVIATILES

### QUE TERRESTRES,

### QUI SE TROUVENT

### AUX ENVIRONS DE PARIS.

*PAR M. GEOFFROY, Docteur, Régent de la Faculté de Médecine.*

[cachet de bibliothèque]

## A PARIS,

Chez J. B. GUIL. MUSIER fils, Libraire,
Quai des Augustins, à S. Etienne.

## M. DCC. LXVII.

*Avec Approbation, & Privilége du Roi.*

# AVIS DE L'AUTEUR.

APRÈS avoir publié il y a quelques
années l'Hiſtoire des Inſectes des environs de Paris , mon projet étoit de
continuer le même travail ſur les
Vers, & de donner au Public l'Hiſtoire de ces Animaux. La claſſe des Vers
ſe rapproche de celle des Inſectes ,
& devient d'autant plus intéreſſante
qu'elle eſt peut-être la moins connue
juſqu'ici. J'avois déja recueilli à ce
ſujet pluſieurs obſervations qui pa-
roiſſoient curieuſes ; j'eſpérois les augmenter, rectifier celles qui étoient dé-
fectueuſes, réitérer l'examen de quelques autres que je ne regardois pas
comme ſûres & bien démontrées, &
donner, ſinon un Corps complet, au
moins un Eſſai de l'Hiſtoire des Vers.
Mais plus j'ai fait de recherches , plus

les difficultés fe font accrues. Chaque
genre de Vers, & j'ofe prefque dire,
chaque efpece, offre un objet tout à
fait neuf, qui demande à lui feul prefque autant de travail que les claffes
entieres des grands Animaux. A peine
connoît on la plupart des Vers. Ceux
mêmes que nous portons & qui vivent
dans le corps de l'Homme ne font pas
encore parfaitement connus des Naturaliftes. Le tefte du Tænia & fa con-
figuration forment un problême en
fait d'Hiftoire Naturelle ; & malgré
les belles & intéreffantes découvertes
de l'illuftre M. Tremblay, on ne connoît prefque point les Polypes, ces
efpeces de Vers fi finguliers, & qui
tiennent fi peu de la nature des Animaux. L'on eft incertain fi chaque Po-
lype eft un feul animal, ou un fimple
fourreau qui renferme une famille

entiere de Polypes. Quoique ces difficultés fuſſent bien capables de m'ar-
rêter, j'aurois cependant tâché de
remplir au moins en partie mon deſ-
ſein, ſi des occupations plus ſérieuſes
& plus intéreſſantes ne m'en euſſent
détourné. Dans l'impoſſibilité de ſui-
vre ce travail, j'ai cru devoir laiſſer à
des Naturaliſtes qui auroient plus de
loiſir, le ſoin de remplir un projet qui
me devient impraticable, & qui eſt
une partie des plus difficiles de l'Hiſtoire des Animaux. Je me ſuis conten-
té de mettre en ordre ce que j'avois
obſervé au ſujet des Coquillages.
Cette famille la plus nombreuſe de
la claſſe des Vers, n'eſt pas la moins
intéreſſante. Elle offre beaucoup de
ſingularités qui ne ſe voyent point
dans les autres claſſes d'Animaux.
D'ailleurs elle n'étoit point rangée

ſous un ordre aſſez méthodique pour
en faciliter la connoiſſance. J'ai donc
penſé pouvoir haſarder de publier ce
petit Traité des Coquillages qui ſe
trouvent aux environs de Paris. Si
par la ſuite quelque Naturaliſte veut
augmenter ce commencement d'obſervations, au ſujet des Coquilles,
& y joindre l'Hiſtoire des autres Animaux que renferme la claſſe des
Vers, ce ſera un ſervice important
qu'il rendra aux Amateurs de l'Hiſtoire Naturelle.

# EXPLICATION.

beng von Infecten in Teutschland. *Berlin,* 1720. *in-4º. fig.*

*Gesner, Aquat.* Conradi Gesneri Hiſtoria Animalium, de Piſcibus & Aquatilibus. *Francofurt.* 1620. *in fol.*

*It. Œland.* Itinerarium Œlandicum, ou Voyage de Scanie, par M. Linnæus. *Stockholm,* 1750.

*Klein Oſtr.* Jacobi Theodori Klein tentamen Methodi Oſtracologicæ, ſive Diſpoſitio naturalis Cochlidum & Concharum in claſſes genera & ſpecies. *Lugd. Bat.* 1753. *in-4º. fig.*

*Linn. Faun. Suec.* Caroli Linnæi Fauna Suecica *Stocholmiæ,* 1746. *in-8º. fig.*

*Linn. Syſt. Nat. edit.* 10. C. Linnæi Syſtema Naturæ, editio decima reformata. *Holmiæ,* 1758. *in-8º.* 2 *vol.*

*Liſt. Angl.* Martini Liſter Hiſtoria Animalium Angliæ. *Londini,* 1678. *in-4º. fig.*

*Liſt. Hiſt.* M. Liſter Hiſtoria Conchyliorum. *Londini,* 1685. *in fol.*

*Liſt. Exerc. Anat.* M. Liſter Exercitatio Anatomica de Cochleis. *Londini,* 1694. *in-8º.*

*Merret Pin.* Chriſt. Merret Pinax rerum

Naturalium Britannicarum. *Londini,* 1667. *in-*8°.

*Petiv. Muf.* Jacobi Petiveri, Centuriæ Mu- fæi Petiveriani. *Londini ,* 1695. *in-*8°.

*Swammerd. Bibl. Nat.* Joannis Swammer- dam Biblia Naturæ. *Lugd. Bat.* 1738. *in-fol.*

*Tulp. Obferv.* Nicolai Tulpii Obfervationes Medicæ. *Amftel,* 1641. *in-*8°.

## APPROBATION DE M. ADANSON,

*Membre de l'Académie Roiale des Sciences de Paris, de la Société Roiale de Londres, Censeur Roial.*

J'AI lu par ordre de Monseigneur le Vice-Chancelier, un manuscrit intitulé : *Traité sommaire des Coquilles des environs de Paris*, & je n'i ai rien trouvé qui puisse en empêcher l'impression. L'Auteur paroît i remplir son objet, qui est d'inspirer aux jeunes Gens du gout pour l'étude des Cokillajes, & de les inviter à augmenter par de nouveles recherches le nombre des quarante-six especes qu'il a reconu dans nos environs. Fait à Paris ce 12 Novembre 1766.

*Signé,* ADANSON.

## PRIVILEGE DU ROI.

LOUIS, par la grace de Dieu, Roi de France & de Navarre : A nos amés & féaux Conseillers, les Gens tenant nos Cours de Parlement, Maîtres des Requêtes ordinaires de notre Hôtel, Grand-Conseil, Prévôt de Paris, Baillifs, Sénéchaux, leurs Lieutenans Civils, & autres nos Justiciers qu'il appartiendra : SALUT. Notre amé le Sieur Geoffroi, Nous a fait exposer qu'il desireroit faire imprimer & donner au Public un Ouvrage qui a pour titre : *Traité sommaire des Coquilles, tant fluviatiles que terrestres*, s'il Nous plaisoit lui accorder nos Lettres de Privileges pour ce nécessaires : A CES CAUSES, voulant favorablement traiter l'Exposant, Nous lui avons permis & permettons par ces Présentes de faire imprimer ledit Ouvrage autant de fois que bon lui semblera, de le faire vendre & débiter par-tout notre Royaume, pendant le tems de six années consécutives, à compter du jour de la date des Présentes. Faisons défenses à tous Imprimeurs, Libraires, & autres personnes de quelque qualité & condition qu'elles soient d'en introduire d'impression étrangere dans aucun lieu de notre obéissance, comme aussi d'imprimer, faire imprimer, vendre, faire vendre, débiter ni contrefaire ledit Ouvrage, ni d'en faire aucun extrait sous quelque prétexte que ce puisse être, sans la permission expresse & par écrit dudit Exposant, ou de ceux qui auront droit de lui, à peine de confiscation des Exemplaires contrefaits, de trois mille livres d'amende contre chacun des Contrevenants, dont un tiers à Nous, un tiers à l'Hôtel-Dieu de Paris, & l'autre tiers audit Exposant, ou à celui qui aura droit de lui, & de tous dépe ds, dommages & intérêts. A la charge que ces présentes seront enregistrées tout au long sur le Registre de la Communauté des Imprimeurs & Libraires de Paris, dans trois mois de la date d'icelles : que l'impression dudit Ouvrage sera faite dans notre Royaume & non ailleurs, en bon papier & beaux caracteres, conformément aux Réglemens de la Librairie, & notamment à celui du 10 Avril 1725, à peine de déchéance du présent Privilége, qu'avant de l'exposer en vente le manuscrit qui aura servi de copie à l'impression dudit Ouvrage sera remis dans le même état où l'Approbation aura été donnée, ès mains de notre très cher & féal Chevalier Chancelier de France ; le Sieur de LAMOIGNON, & qu'il en sera ensuite remis deux Exemplaires dans notre Bibliotheque publique, un dans celle de notre Château du Louvre, & un dans celle dudit Sieur

LAMOIGNON, & un dans celle de notre très cher & féal Chevalier Vice-Chancelier & Garde des Sceaux de France, le Sieur de MEAUPOU, le tout à peine de nullité des Présentes. Du contenu desquelles Vous mandons & enjoignons de faire jouir ledit Exposant & ses ayans causes, pleinement & paisiblement, sans souffrir qu'il leur soit fait aucun trouble ou empêchement. Voulons qu'à la copie des Présentes, qui sera imprimée tout au long au commencement ou à la fin dudit Ouvrage, soit tenue pour duement signifiée, & qu'aux copies collationnées par l'un de nos amées & féaux Conseillers Secrétaires, foi soit ajoutée comme à l'original. Commandons au premier notre Huissier ou Sergent sur ce requis, de faire pour l'exécution d'icelles tous actes requis & nécessaires, sans demander autre permission, & nonobstant clameur de Haro, Charte Normande, & Lettres à ce contraires. CAR tel est notre plaisir. DONNÉ à Versailles, le trente-unième jour du mois de Décembre, l'an de grace mil sept cent soixante-six, & de notre Regne le cinquante-deuxième. Par le Roi en son Conseil.

*Signé*, LEBEGUE.

*Regiftré fur le Regiftre XVII. de la Chambre Royale & Syndicale des Libraires & Imprimeurs de Paris, n°. 1288, fol. 81. conformément au Réglement de 1723, qui fait défenfes, article 41, à toutes perfonnes de quelques qualités & conditions qu'elles foient autres que les Libraires & Imprimeurs, de vendre, débiter, faire afficher aucuns Livres pour les vendre en leurs noms, foit qu'ils s'en difent les auteurs ou autrement, & à la charge de fournir à la fufdite Chambre neuf exemplaires prefcrits par l'article 108 du même Reglement. A Paris ce 20 Janvier 1767.*

GANEAU, *Syndic.*

TRAITÉ

# TRAITÉ

## SOMMAIRE

## DES COQUILLES,

*tant fluviatiles que terrestres,*

### QUI SE TROUVENT

### AUX ENVIRONS DE PARIS.

---

### INTRODUCTION.

Tout le monde connoît sous le nom de Coquilles, ces especes de demeures dures, &

A

comme pierreuses, qui renferment des animaux mous, sans
os ni arrêtes & sans articula-
tions sensibles, que les Naturalistes ont rangés dans la classe
des Vers. Ces Coquilles ne sont
pas toutes de la même forme.
Les unes ne sont composées que
d'une seule piece, qui souvent
est roulée en forme de spirale;
on les appelle *Univalves*. D'autres sont composées de deux
pieces, ou especes de battans
qui se joignent l'un contre l'autre, & renferment l'animal dans
leur cavité; ce sont les *Bivalves*.
Enfin, il y en a qui sont composées d'un plus grand nombre de

pieces, & auxquelles on a donné le nom de *Multivalves*. Toutes les especes de Coquilles font
renfermées fous ces trois divi-
fions. Quelques Naturaliftes en
ont cependant ajouté une quatrieme ; c'eft celle des *Opercu-*
*lées.*

Ces Coquilles ont été ainfi ap-
pellées, parceque leur ouverture
eft fermée par une petite plaque
fur laquelle paroiffent des fpirales, & qui eft tantôt de la nature de la Corne, tantôt de la
même fubftance que la Coquille. Comme cette plaque a reçu
le nom d'Opercule, on a donné
aux Coquilles qui la portent le

nom de Coquilles operculées.
Ces Coquilles quoiqu'Univalves, semblent se rapprocher des
Bivalves par cette petite piece,
qui est comme une seconde Coquille. Il y a, sur-tout, quelques
genres où cet Opercule semble
articulé avec la grande Coquille; en quoi ils ressemblent encore plus aux Bivalves, dont les
deux battans sont articulés ensemble.

De ces Coquilles les unes sont
terrestres, les autres aquatiques.
La mer fournit des Coquilles de
toutes ces différentes divisions :
mais parmi les Coquilles terrestres, nous ne connoissons au-

cunes Bivalves ni Multivalves ;
toutes font Univalves : il y a
feulement quelques Operculées
terreftres. Les Coquilles d'eau
douce , les feules aquatiques
dont nous avons à parler ici ,
nous fourniffent des Bivalves
& des Univalves , tant fimples
qu'operculées : mais jufqu'ici on
n'en a trouvé aucune qui foit
Multivalve. Ainfi nous nous
contenterons de divifer les Coquilles que l'on trouve aux environs de Paris en deux Sections :
la premiere comprendra les Univalves , & les Bivalves compoferont la feconde.

# SECTION PREMIERE.

## COQUILLES UNIVALVES.

L E S Coquilles univalves ne
font compofées que d'une feule
piece, ou d'un feul morceau,
comme nous venons de le dire;
mais la conformation de cette
piece eft différente. Dans les
unes ce n'eft qu'une plaque,
concave en dedans, convexe en
deffus, & fous la concavité de
laquelle l'animal eft renfermé:
c'eft ce que l'on voit dans l'*Ancile*, qui n'a aucunes fpirales.
Dans d'autres, & c'eft le plus

grand nombre, la Coquille forme une espece de tuyau conique roulé en spirale autour d'un axe; de façon que la partie la plus étroite forme les spirales du centre qui sont plus petites, tandis que les plus grandes s'éloignent de ce centre, & vont former à la fin l'ouverture de la Coquille. Parmi ces Coquilles en spirales, les unes ont leurs spirales roulées concentriquement les unes autour des autres, & forment une espece de disque applati, sans que la Coquille ait aucun sommet; c'est ce que l'on voit dans les *Planorbes*. Les autres ont leurs spirales qui se courbent

A iv

en tournant & montant obliquement de bas en haut ; ce qui
donne à la Coquille une figure
conique qui fe termine par un
fommet plus ou moins pointu :
cette forme de Coquille eft très
commune parmi les Univalves.
Enfin, cette efpece de cône formé par les fpirales eft plus ou
moins allongé , ce qui donne
différentes formes aux Coquilles. C'eft d'après ces conforma-
tions différentes, & fur-tout d'a-
près celles de l'ouverture de la
Coquille, que la plûpart des Naturaliftes ont rangé les Coquillages. Ce moyen étoit d'autant
plus commode , qu'il eft facile

de conferver les Coquilles, &
d'examiner les rapports de leur
conformation. Cependant les
animaux qui habitent ces Coquilles pouvoient fournir des
caracteres d'autant plus furs que
la Coquille n'eft proprement
que l'habit & la demeure de
l'animal, & que des Coquilles
très différentes en apparence,
peuvent renfermer des animaux
d'un genre tout-à-fait femblable, comme on en verra des
exemples. Mais, la difficulté
d'examiner des animaux qui vivent dans l'eau, & la plûpart
dans la mer, a jufqu'ici empê-
ché de tirer les caracteres des

Coquilles, des animaux qu'elles renferment. M. Adanfon eft le premier qui ait furmonté cet obftacle, qui paroiffoit invincible aux Naturaliftes. Cet illuftre Académicien nous a donné dans fon Hiftoire Naturelle du Sénégal, la figure & les caracteres des Coquillages de ce Pays, tant terreftres, que de mer & d'eau douce. Cet immenfe travail jette un nouveau jour fur cette partie intéreffante du regne animal. C'eft d'après les vues de ce favant Auteur, que j'ai entrepris un travail bien moins étendu, & le feul que me permiffent les affaires qui me

fixent à Paris. J'ai tenté de ran-
ger méthodiquement, par des
caracteres tirés des animaux, le
peu de Coquillages tant terreftres que fluviatiles qui fe trouvent ici. Ces animaux ne com-
prennent que quarante-fix efpeces qui foient venues à ma
connoiffance. Je les ai rangées
fous fept genres, dont cinq compofent la premiere Section, celle
des Univalves. Puiffe cet effai,
engager les Jeunes Gens qui
herborifent aux environs de Paris, à le perfectionner par de
nouvelles Obfervations!

Les Coquilles de cette pre-
A vj

miere Section se rapportent aux
cinq genres suivants.

### 1°. LE LIMAS.

4 Tentacules, dont 2
plus grands portent
des yeux à leur ex-
trémité.
Coquille univalve en
spirale.

### 1°. COCHLEA.

Tentacula 4, duo ma-
jora oculifera ad
apicem.

Testa univalvis, spi-
ralis.

### 2°. LE BUCCIN.

2 Tentacules plats en
forme d'oreille.
Yeux placés à la base
des tentacules du
côté intérieur.
Coquille univalve en
spirale & conique.

### 2°. BUCCINUM.

Tentacula 2 plana au-
riformia.
Oculi ad basim inter-
ne.

Testa univalvis, spi-
ralis, conica.

### 3°. LE PLANORBE.

2 Tentacules filifor-
mes.
Yeux placés à la base
des tentacules du
côté intérieur.
Coquille univalve en

### 3°. PLANORBIS.

Tentacula 2 filifor-
mia.
Oculi ad basim inter-
ne.

Testa univalvis, spira-

spirale & ordinai-
rement applatie.

lis, plærumque de-
preſſa.

## 4°. LE NÉRITE.

## 4°. NERITA.

2 Tentacules.
Yeux placés à la baſe
des tentacules du
côté extérieur.
Opercule à la Co-
quille.
Coquille univalve en
ſpirale & preſque
conique.

Tentacula 2.
Oculi ad baſim ex-
terne.

Operculum teſtæ.

Teſta univalvis, ſpi-
ralis, ſubconica.

## 5°. L'ANCILE.

## 5°. ANCYLUS.

2 Tentacules.
Yeux placés à la baſe
des tentacules du
côté intérieur.
Coquille univalve,
concave & unie.

Tentacula 2.
Oculi ad baſim inter-
ne.

Teſta univalvis, con-
cava, æqualis.

| LE LIMAS. | COCHLEA. |
|---|---|
| 4 Tentacules, dont 2 plus grands portent des yeux à leur extrémité. | Tentacula 4, duo majora oculifera ad apicem. |
| Coquille univalve en fpirale. | Tefta univalvis, fpiralis. |
| *Famille premiere*, à Coquille arrondie. | *Familia prima*, Tefta fubrotunda. |
| — *Seconde*, à Coquille allongée. | — *Secunda*, Tefta longa. |

Les Limas compofent le genre
le plus nombreux que nous con-
noiffions parmi les Coquilles de
ce Pays-ci. De ce genre font les
différentes efpeces que l'on ren-
contre dans les Jardins, les Vignes & les Campagnes, & qui
font connues fous le nom de Limaçons. Tous ces animaux font
terreftres, & courent à terre ou

fur les plantes , à l'exception d'une feule efpece que nous avons nommée l'*Amphibie*, parcequ'elle vit également fur la terre & dans l'eau.

Les animaux qui vivent dans ces Coquilles, font du même genre que les Limaces qu'on trouve dans les Jardins & les Caves. Les uns & les autres ont également quatre tentacules , dont deux font plus courts & deux plus longs. C'eft à l'extrémité de ces derniers que font placés deux corps arrondis qui contiennent dans leur milieu une partie plus brune, & qui paroiffent être les yeux de ces animaux. La feule différence des Limas & des Limaces, c'eſt que les premiers ont une Coquille tournée en ſpirale, dans laquelle ils peuvent ſe retirer entiere-ment, & dont ils font ſortir la partie antérieure & inférieure de leur corps, lorſqu'ils veulent marcher, emportant leur Co-quille avec eux; au lieu que les Limaces ont le corps nud & ſans Coquille à l'extérieur : il eſt vrai qu'en les diſſéquant on trouve dans l'intérieur de leur Corps, vers la tête, une eſpece de petit oſſelet long, mince & applati, de la même ſubſtance que les Coquilles ; mais il n'en a point

l'ufage & ne paroît point à l'extérieur.

Les Limas font tous animaux
hermaphrodites ; ils ont tous les
deux fexes , & les parties font
fituées au côté droit du col de
l'animal, à l'endroit qui fort de
la Coquille lorfque le Limas s'al-
longe pour marcher. Mais quoique ces animaux aient les deux
fexes, ils ne peuvent cependant
engendrer feuls ; ils s'accouplent
toujours deux enfemble : feulement tous les deux font récipro-
quement l'office de mâle & de
femelle, enforte que l'accouplement entr'eux eft double.

Lorfque ces animaux veulent

s'accoupler, ils commencent par
un prélude singulier : la nature
les a pourvus d'une espece de
dard ou fleche à quatre aîles,
d'une substance cassante, ferme
& assez semblable à celle de la
Coquille. Cet aiguillon sort par
la même ouverture du col qui
donne issue aux parties mâle &
femelle ; & lorsque ces animaux
s'approchent, l'aiguillon de l'un
pique l'autre, abandonne la
partie d'où il sort, & tombe à
terre ou reste attaché au Limaçon qui a été piqué : celui-ci se
retire ; mais bientôt après il se
rapproche, pique l'autre à son
tour, après quoi l'accouplement

s'exécute. Ces animaux s'accouplent jusqu'à trois fois de quinze
en quinze jours, & chaque fois
la nature fait les frais d'un nou-
vel aiguillon. Leurs accouple-
mens durent chacun plusieurs
heures, & pendant ce tems ils
paroissent comme engourdis.
Dix-huit jours environ après,
les Limaçons rendent par la
même ouverture du col, une
grande quantité d'œufs blancs,
revêtus d'une coque membra-
neuse, qui lorsqu'elle est seche
devient cassante, & de la gros-
seur de la moitié d'un pois. Ils
cachent ces œufs en terre, où
je les ai trouvés plusieurs fois.

Tel eſt l'accouplement des Limas. On verra cependant dans le détail quelques différences ſuivant les eſpeces : il y en a par exemple qui ont deux dards ou aiguillons vénériens, tandis que les autres n'en ont qu'un.

Les Limas vivent d'herbes & de feuilles ; ils font même ſouvent de grands dégats dans les Jardins & les Potagers : la nature les ayant pourvus de deux machoires dures, oſſeuſes & tranchantes, avec leſquelles ils coupent & briſent les feuilles.

Aux approches de l'hyver les Limas ſe retirent dans quelques trous où ils ſe mettent à l'abri,

& ils ferment alors leurs Coquilles avec une eſpece de couvercle blanc & comme plâ-
treux, formé par leur bave ou
mucoſité, épaiſſie. On les trouve
ſouvent ainſi fermés à la fin de
l'hyver, juſqu'au mois de Mars,
& c'eſt alors que les Gens de la
Campagne les ramaſſent pour
les manger. Ce couvercle plâtreux qui ferme l'ouverture de
la Coquille, n'eſt qu'une ſimple
plaque ; il differe des opercules
en ce que ſur ceux-ci on apperçoit des ſpirales qui ne ſe voient
point ſur ce couvercle. D'ailleurs l'opercule eſt une partie
eſſentielle de l'animal qu'il con-

ferve en tout tems, avec laquelle il ferme fa Coquille toutes les fois qu'il le veut ; au lieu que ce couvercle plâtreux n'eft qu'une fimple concrétion étrangere à l'animal & fans organifation. Auffi, dès le commencement du printemps le Limaçon rompt & détruit ce couvercle ; il fort alors de fa Coquille, va chercher fa nourriture & renouveller fes dé-gats.

Nous avons divifé ce genre qui eft affez nombreux en deux familles, à raifon de la forme des Coquilles de ces animaux. Le premiere renferme ceux dont les Coquilles font arrondies, telles que celles des Limaçons des Jardins. La feconde comprend ceux qui ont des Coquilles allongées & comme en clocher. On peut fubdivifer cette feconde famille en deux ordres. Le premier eſt compofé des Limas dont les volutes de la Coquille font contournées de gauche à droite, comme font les Limaçons & la plus grande partie des Teſtacés univalves. Les autres qui compoferont le fecond ordre, ont au contraire les volutes de leur Coquille tournées de droite à gauche; ce qui a fait appeller ces efpeces de Coquilles par plufieurs Naturaliſtes

du nom très impropre d'*Uniques*, d'autant que dans beaucoup de genres de Coquilles de
mer, on trouve de ces Coquilles
uniques.

## §. I.

### 'A COQUILLE ARRONDIE.

I. Cochlea, tefta utrinque convexa, rufefcente, qui..que fpirarum.

*Linn. Faun. Suec.* 1293. Cochlea, tefta
ovata, quinque fpirarum, Pomatia
dicta.

*Linn. Syft. Nat. edit.* 10, *t. I, p.* 771,
*n.* 593. Helix, tefta umbilicata, fubovata, obtufa, decolori, apertura
fubrotunda-lunata. Vulgò *Pomatia.*
*Gefn.*

*Gefn. Aquat.* 255. Pomatia.

*Aldrov. Exfang.* 389. Cochlea terreftris, gypfo obferrata.

*Lift. Angl. p.* 111, *t.* 2, *f.* 1. Cochlea
cinerea edulis, cujus apertura operculo craffo velut gypfeo per hye-
mem clauditur.

*Lift. Exercit. Anat. I, p.* 162, *t.* 1.
Cochlea pomatia edulis Gefneri.

*Lift. Hift. I, n.* 46. Cochlea cinereo-
rufefcens, fafciata, leviter umbilicata.

*Dale, Pharmac.* 394. Cochlea terreftris, Limax terreftris.

*Merr. Pin.* 207. Cochlea alba major
cum fuo operculo.

*Petiv. Muf. IV, n.* 12. Cochlea alba
major.

*Swammerd. Bib. Nat. t.* 4, *f.* 2.

*Gualt. Teft. t.* 1, *f. A.*

B

*Argenville, Conchyl. part.* 1, *tab.* 28,
*f.* 1.

*Idem, part.* 2, *t.* 9, *f.* 4.

LE VIGNERON. Largeur 15 lignes.

Ce Limas eſt le plus gros de ce Pays - ci. Sa coquille eſt en ſpirale, & décrit quatre tours & demi & même près de cinq tours. Sa couleur eſt un peu fauve, avec quelques bandes plus foncées : le bord de ſa bouche ou de ſon ouverture eſt peu ſaillant & recourbé, & ſa couleur eſt la même que celle du reſte de la Coquille. Pendant l'hyver cette bouche eſt fermée par une eſpece de couche plâtreufe, blanche, tout - à - fait femblable à une Coquille d'œuf.

On trouve fouvent ce Limas dans les vignes ; ce qui l'a fait apppeller *le Vigneron.* Plufieurs perfonnes le ramaffent dans les campagnes , fur - tout au prin- temps , lorfque fa coquille eft encore fermée , pour le faire cuire & le manger. Son goût n'eft pas defagréable.

II. Cochlea, tefta utrinque con- vexa , pullo maculata & faf- ciata, quinque fpirarum, la- bro albo reflexo.

*Lift. Angl. p.* 113. Cochlea major pulla maculata & fafciata hortenfis.

Bij

*Lift. Synopf. tab.* 56 , *f.* 53.

LE JARDINIER. Largeur 10 lignes.

Le Jardinier varie pour la
grandeur ; mais en général il eſt
au moins d'un bon tiers plus
petit que le Vigneron. Cette
Coquille a des bandes circulai-
res de taches brunes, entrecoupées par des taches plus claires.
Ce qui la fait aiſément diſtinguer des autres, c'eſt que ſon
ouverture a un rebord ſaillant,
d'un blanc laiteux en dedans.
Cette ouverture ſe ferme en hi-
ver par le moyen d'une couche
plâtreuſe comme celle du Vigneron.

On trouve très fréquemment ce Limas dans les jardins, où il cause beaucoup de desordre en rongeant les plantes ; c'est ce qui l'a fait appeller *le Jardinier*. Quelques personnes le mangent comme le précédent ; mais sa chair n'est pas si délicate. Ils sont, l'un au défaut de l'autre, d'usage en Médecine pour faire les bouillons & le Syrop de Limaçons.

III. Cochlea, testa utrinque convexa, flava, fusco fasciata, quinque spirarum, labro fusco reflexo.

*Linn. Faun. Suec.* 1294. Cochlea testa utrinque convexa flava, fascia subsolitaria fusca, labro reflexo.

*Linn. Syst. Nat. ed.* 10, *t.* 1, *p.* 773, *n.* 604. Helix testa imperforata, subrotunda, lævi, diaphana, fasciata, apertura subrotundo-lunata. Vulgo *Nemoralis.*

*List. Ang.* 116, *t.* 2, *f.* 3. Cochlea citrina aut leucophæa, non raro unicolor, interdum tamen unica, interdum etiam duabus aut tribus, aut quatuor, plærumque vero quinque fasciis pullis distincta.

*Idem, Hist. t.* 1, *n.* 54. Cochlea interdum unicolor, interdum variegata, item variis fasciis depicta.

*Swammerd, Bib. Nat. tom. I, t.* 8, *f.* 6. Cochlea hortensis.

*Merr. Pin.* 207. Cochlea vulgaris, testa variegata.

*Petiv. Muf.* 5, *n.* 14. Cochlea vulgaris, tefta variegata.

*Gualt. Teft. t.* 1 , *f. P.*

*Argenville , Conch. part. I , tab.* 28 , *f.* 8.

*Argenville , Conch. part. II , tab.* 9 , *n.* 5. Cochlea femilunaris.

*Lift. Synop. Method. t.* 57 , *f.* 54.

LA LIVRÉE. Largeur 9 , 10 lignes.

Cette Coquille eft plus petite que les précédentes. Il en eft peu dont les couleurs varient autant : en général la couleur de la Coquille eft citronnée , lavée quelquefois d'un peu de rouge ; mais tantôt la Coquille eft toute de cette couleur , fans aucune

B iv

bande ; tantôt elle eſt chargée
d'une ſeule bande circulaire ;
d'autres fois de deux ou trois,
quelquefois de cinq. Ces bandes
brunes varient auſſi pour leur
grandeur & leur poſition ; mais
l'ouverture de la Coquille a toujours un rebord aſſez ſaillant, de
couleur brune, même dans celles
qui n'ont aucune bande.

On trouve ce Limas par-tout
dans les jardins & les campagnes. Les bandes qui le couvrent
& lui donnent l'air d'une Livrée, l'ont fait appeller de ce
nom.

IV. Cochlea, teſta utrinque convexa alba, sex spirarum, labro vix reflexo.

*Lift. Angl.* 125, *t.* 2, *f.* 12. Cochlea dilutè rufescens, aut subalbida, sinu ad umbilicum exiguo, circinato?

LA CHARTREUSE. Diametre 6 lignes.

Cette Coquille peu élevée a environ un demi pouce de diametre, & sa volute forme près de six tours. Elle est aisée à reconnoître par ce caractere & par sa couleur toute blanche : l'animal qu'elle renferme est pareillement blanc ; aussi l'a-t-on appellée *la Chartreuse.* On la trouve dans les bois ; mais plus rarement que les précédentes.

B v

V. Cochlea, testa utrinque convexa, subtus perforata, striata, albido cinereoque fasciata, quinque spirarum.

*Argenville, Conch. part. II, t. 9, f. 6.*

LA GRANDE STRIÉE. Diamet. 5 lig.

Sa couleur est grise & cendrée avec quelques bandes de taches plus foncées. En dessous, cette Coquille a un enfoncement ou ombilic, creux dans son milieu : toute la Coquille a des stries longitudinales, fines ; ce qui l'a fait nommer la Striée. On la trouve fréquemment dans les bois humides. L'animal que cette Co-

quille renferme, a une fingula-
rité remarquable; c'eft qu'il eft
pourvu de deux de ces dards,
ou *fpiculum Veneris*, dont les
Limaçons fe fervent & qu'ils fe
dardent mutuellement pour s'a-
gacer, avant que de s'accoupler.
Ces deux dards font dans deux
capfules différentes. Tous les
autres Limas, à l'exception du
*grand Ruban*, n'en ont qu'un
feul, renfermé dans une feule
capfule.

VI. Cochlea, tefta utrinque convexa, fubtus perforata, ftria-
ta, alba, quatuor fpirarum,
ore reflexo.

B vj

*Argenville, Conch. part. II, t. 9, f. 7.*

LA PETITE STRIÉE. Diametre 1 lig.

La couleur de cette petite Coquille est blanche ; elle est chargée de quelques stries longitudinales, difficiles à appercevoir à cause de sa petitesse : en dessous elle a un ombilic bien marqué, & son ouverture a un rebord saillant & très considérable pour sa grandeur. Cette espece est fort commune dans les bois, sous les pierres humides & parmi les mousses.

VII. Cochlea, testa utrinque convexa, subtus perforata, cor-

nea, pellucida, nitida, quinque fpirarum.

*Swammerd.Bibl. Nat. I, p.* 154, *tab.* 8,
*f.* 3. Minuta cochlea leviter de-
preffa.

*Argenv. Conch. part. I, tab.* 28 , *fig.* 4.

LA LUISANTE. Diametre 5 lignes.

La Luifante eft ainfi nommée
parcequ'elle eft très liffe. Sa Coquille décrit cinq tours de volute : elle eft tranfparente & de
couleur de corne claire, lorfqu'elle eft vuide ; car du vivant
de l'animal elle paroît d'un noir
foncé, à caufe de la couleur
du Limaçon qui eft très noir,
& que l'on voit à travers la

Coquille. En deſſous elle a un ombilic creux. Elle ſe trouve avec les précédentes, ſous les pierres humides & à l'ombre dans les bois.

VIII. Cochlea, teſta tota pellu- cida, fragili, ſubvireſcente, utrinque convexa, ſpiris tri- bus.

LA TRANSPARENTE. Diamet. 2 lig.

Cette Coquille eſt très liſſe, luiſante, convexe des deux cô- tés, nullement perforée en deſ- ſous, très mince, fragile & tranſ- parente comme un verre : elle a une teinte un peu verdâtre, & elle décrit trois tours de ſpirale, dont le premier eft fort grand; aufſi ſon ouverture eſt-elle très large. On la trouve dans les mouſſes humides, au bord des étangs ; mais jamais dans l'eau où elle périt. C'eſt même un moyen de tuer l'animal & de le faire ſortir de ſa Coquille ; ce qui ne ſe pourroit faire autrement ſans riſque de la caſſer, à cauſe de ſon extrême délicateſſe. Lorſque l'animal eſt vivant, il a une appendice membraneuſe avec laquelle il frotte & nétoye perpétuellement ſa Coquille.

IX. Cochlea, teſta utrinque con-

vexa, fubtus concava, ftria-
ta, cornea, lineis tranfverfis
ferrugineis, quinque fpiris
rotundis.

*Argenvil. Conchyl. part. II, t. 9, f. 10.*

LE BOUTON. Diametre 2 lignes.

Cette petite Coquille eft très
jolie. Sa forme eft affez applatie en deffus : en deffous elle eft
plus convexe vers fes bords,
avec un enfoncement très con-
fidérable à l'ombilic ; ce qui la
rend concave. Sa couleur eft
pâle, femblable à celle de la
corne ; mais elle eft toute parfemée de taches tranfverfes rou-

geâtres, prefque à égale diſtan-
ce les unes des autres ; de plus
toute la Coquille eſt chargée de
ſtries fines tranſverſes. Ces ſtries
& ces taches font reſſembler cette Coquille à un bouton joli-
ment travaillé. On la trouve
avec les précédentes dans la
mouſſe & ſous les pierres humides.

X. Cochlea, teſta utrinque convexa, ſubtus perforata, limbo
  acuto, apertura ovata tranſ-
  verſa, ſpiris quinque.

*Linn. Faun. Suec.* 1298. Cochlea teſta
  utrinque convexa, ſubtus perfora-

ra, spira acuta, apertura ovata transversali.

*Linn. Syst. Nat. edit.* 10, *I*, *p.* 768, *n.* 572. Helix testa carinata, umbilicata, utrinque convexa, apertura marginata transversali ovata. Vulgo *Lapicida.*

*Act. Upf.* 1736, *p.* 40, *n.* 9. Cochlea testa convexa, subtus perforata, spira acuta.

*Petiv. Muf.* 69, *n.* 734. Planorbis terrestris Anglicus, umbilico minore, margine acuto.

*Lift. Angl.* 126, *t.* 2, *f.* 14. Cochlea pulla, sylvatica, spiris in aciem depressis.

*Idem, Hift. I, p.* 29, *f.* 62. Cochlea nostra umbilicata, pulla.

LA LAMPE, ou le PLANORBIS TER-
RESTRE. Diametre 5 $\frac{1}{2}$, 6 lignes.

Cette Coquille eſt une des
plus ſingulieres & des plus rares
de ce Pays-ci. Elle eſt peu convexe en deſſus, un peu plus en
deſſous, & percée d'un ombilic
bien marqué. Elle décrit cinq
tours de ſpirale, dont l'extérieur
eſt très aigu, applati ſur les
bords, & coupé obliquement à
l'ouverture ; enſorte que cette
ouverture eſt preſque tranſver-
ſale en deſſous : cette bouche a
des rebords blancs. Le reſte de
la Coquille a des ſtries tranſverſes, & eſt de couleur pâle,

femblable à celle de la corne,
tout parfemé de taches rougeâtres, affez grandes & marquées;
mais moins belles & moins éga-
les que dans *le Bouton*. On trouve cette Coquille, mais rarement, dans les bois autour de
Paris.

XI. Cochlea, tefta utrinque convexa, hifpida, fubtus perforata, fpiris quinque rotundatis, apertura ovata.

*Linn. Faun. Suec.* 1296. Cochlea, tefta
utrinque convexa, hifpida, fpiris
quinque rotundatis, fubtus perforata.

*Linn. Syft. Nat. edit.* 10, *I*, *p.* 771,

*n.* 591. Helix, tefta umbilicata, convexa, hifpida, diaphana, anfractibus quinis , apertura fubrotundo-lunata. Vulgo *Hifpida.*

LA VELOUTÉE. Diametre 3 lignes.

Cette Coquille décrit cinq fpirales & plus. Sa couleur eft femblable à celle de la corne, un peu brune. Le deffous forme un ombilic creux, bien marqué & fa bouche eft ovale, fans être bordée d'une levre faillante : mais ce qui la rend très reconnoiffable, c'eft qu'elle eft veloutée, ou parfemée de petits poils courts qui forment un duvet. On la trouve très communé-

ment dans les bois humides &
dans les prairies.

XII. Cochlea, testa fusca, hispi-
da, supra plana, subtus perforata, spiris sex, apertura trian-
gulari, labro reflexo luteo.

LA VELOUTÉE à bouche triangulaire.
Diametre 4 $\frac{1}{2}$ lignes.

Sa Coquille décrit six spirales:
elle est de couleur brune & veloutée comme la précédente ;
mais platte en dessus & même
renfoncée dans son milieu : en
dessous elle est percée d'un ombilic assez large. L'ouverture de
sa bouche a un rebord ou une

levre ſaillante de couleur jaunâtre, qui par ſon contour rend
cette ouverture triangulaire. Cet
animal eſt aſſez rare. On le trouve quelquefois à Meudon, dans
les endroits humides & bas de
ce Parc. Sa forme ſinguliere, &
qui approche de celle des *Pla-*
*norbis*, l'a fait appeller par quelques perſonnes, le *Planorbis ter-*
*reſtre.*

XIII. Cochlea, teſta alba, ſupra
plana, ſubtus ſinu amplo perforata, ſpiris quinque, faſcia
ferruginea.

*Liſt. Angl. p.* 126, *tab.* 2, *f.* 13. Coch-

lea cinerea albidave, fafciata erice-
torum.

LE GRAND RUBAN, ou RUBAN PLAT.
Diametre 6 lignes.

Le deffus de cette Coquille
eft affez applati; mais le deffous
a un large ombilic, qui laiffe
voir les volutes en forme d'ef-
calier. La Coquille décrit fix
fpirales : fa couleur eft toute
blanche, à l'exception d'une
bande de couleur fauve qui regne fur le milieu des volutes,
& qui, affez ordinairement fur
la derniere, eft accompagnée
d'une feconde moins vive en
couleur.

L'animal

L'Animal de cette Coquille
a deux dards vénériens de même
que la *Grande Striée*. On peut
voir ce que nous avons dit ci-
deſſus à ce ſujet.

XIV. Cochlea, teſta alba, ſupra plana, latere acuto, ſubtus convexa, ſinu anguſto
perforata, ſpiris quatuor, faſcia ſuprà unica, ſubtùs plu-
rimis fuſcis.

LE PETIT RUBAN, OU RUBAN CON-
VEXE. Diametre 2 ½ lignes.

Cette eſpece eſt plate en deſſus, à peu près comme la précédente; en deſſous elle eſt con-

C

vexe & perforée d'un ombilic étroit, en quoi elle en differe. Une autre différence ; c'est qu'elle ne décrit que quatre ſpirales.

La forme plate du deſſus fait que les ſpirales ont un angle ſur le côté vers le haut. Sa couleur eſt blanche, avec une ſeule bande brune en deſſus ſur les volutes ; mais en deſſous, outre cette bande, il y en a quatre autres plus fines & plus étroites.

On trouve en Normandie, dans les prés, au bord de la mer, une autre Coquille qui approche beaucoup de celle-ci, & qu'on pourroit nommer le *Ru-*

*ban marin ;* mais qui en differe en ce qu'elle a cinq fpirales & qu'elle eft toute blanche en deſ-ſous, avec une feule bande bru-ne en deſſus.

## §. I I.

### 'A COCQUILLE ALLONGÉE.

*1. à Volutes tournées à droite.*

**XV.** Cochlea, teſta fulva ob-ſcura, acuta, ſpiris ſex.

*Lift. Angl.* 122, *tab.* 2, *f.* 8. Buccinum rupium majuſculum, circiter fenis orbibus circumvolutum.

*'Argenv. Conchyl. part.* 1, *t.* 28, *f.* 15.

C ij

LE GRAIN D'ORGE. Long. 3 lign.

Sa couleur imite celle de la Châtaigne ; elle eft feulement un peu plus claire. Sa Coquille eft terne & nullement brillante : elle décrit fix fpirales , & a une ouverture ovale bordée d'une levre blanche.

Comme cette Coquille eft à peu près de la groffeur & de la longueur d'un grain d'orge, on a tiré de cette reffemblance le nom qu'elle porte. On la trouve dans la mouffe & fous les pierres humides.

XVI. Cochlea, tefta fufca, ob-fcura, acuta, fpiris octo.

LE GRAIN D'AVOINE. Long. 2 lign.

La couleur de cette Coquille
est brune & nullement brillante.
Elle décrit huit tours de spirales.
Son ouverture est ovale, bordée
d'une levre blanche, avec sept
dents ou replis de même couleur, quatre en haut & trois en
bas. Cette Coquille ressemble
assez à la précédente; mais elle
est moins grande & un peu plus
pointue. On la trouve dans les
mêmes endroits qu'elle.

XVII. Cochlea, testa fulva, nitida, acuta, spiris quinque.

*Lift. Angl. pag.* 122, *tab.* 2, *f.* 7. Buc-

C iij

cinum exiguum, quinque anfrac-
tuum, mucrone acuto.

LA BRILLANTE. Longueur 2 lignes.

Cette Coquille approche de
la précédente pour la couleur, fi
ce n'eſt qu'elle eſt plus pâle. Elle
eſt liſſe & brillante, & ne décrit que cinq ſpirales ; en quoi
il eſt fort aiſé de la diſtinguer du
*Grain d'Orge.* Son ouverture
eſt ovale & bordée d'une levre
blanchâtre ; mais peu marquée.
Elle ſe trouve dans les mouſſes
aquatiques au bord de l'eau ;
mais toujours ſur terre, car, fi
elle tombe dans l'eau elle périt.

XVIII. Cochlea, teſta cinerea,

acuta, ſtriata, apertura quinque - dentata, labro reflexo,
ſpiris novem.

*Argenv. Conchyl.* 2, *p.* 81, *t.* 9, *f.* 13.

L'Anti-Nompareille. Long. 5 lign.
Larg. 1 ¼ ligne.

Cette Coquille eſt de couleur
cendrée, & de forme allongée,
aiguë par le bout. Elle a des
ſtries fines longitudinales. Le
bas de la Coquille ſe reſſere un
peu : elle décrit neuf tours de
ſpirale. Sa bouche ovale a cinq
replis ou dents, trois en haut &
deux en bas.

On trouve cette Coquille au
pied des murs, & dans les bois

parmi la mouffe. Nous l'avons
appellée *Anti-Nompareille*, parcequ'elle reffemble tout-à-fait
à la *Nompareille*, dont nous par-
lerons tout à l'heure, n'en dif-
férant qu'en ce que fes volutes
font tournées fuivant le fens or-
dinaire aux autres Coquilles,
c'eft-à-dire de gauche à droite;
au lieu que celles de la Nompareille vont dans un fens oppofé,
ou de droite à gauche.

XIX. Cochlea, tefta fubcylin-
dracea obtufa, labro albo reflexo, fpiris octo.

LE GRAND BARILLET. Long. 2 ½ lign.

Quant à la couleur, cette

Coquille approche de la couleur fauve, & eſt un peu tranſparente. Sa figure eſt à-peu-près
cylindrique, comme celle d'un
petit tonneau ou baril, ce qui l'a
fait appeller *Barillet*, ſes volutes formant comme les cercles
d'un baril. Son ſommet ne ſe
termine pas en pointe; mais il
eſt mouſſe, obtus & arrondi. On
compte huit volutes ſur cette
Coquille, & même preſque neuf.
Son ouverture eſt ovale, avec
des rebords en forme de levres
de couleur blanche, & une arrête de même couleur, formée
en feuillet, au milieu de l'ouverture. On la trouve parmi les

mouſſes humides & ſous les pierres, dans les Jardins & les Campagnes.

**XX.** Cochlea, teſta ſubcylin- dracea obtuſa, labro albo re- flexo, ſpiris ſex.

*Linn. Faun. Suec.* 1301. Cochlea, teſta ſubpellucida, ſpiris ſex dextrorſis, ſubcylindracea obtuſa.

*Linn. Syſt. Nat. edit.* 10, *I p.* 767. *n.* 568. Turbo, teſta turrita, obtuſa, pellucida, anfraƈtibus ſecundis, apertura edentula. Vulgò *Muſco- rum.*

*Liſt. Angl.* 121, *t.* 2, *f.* 6. Buccinum exiguum, flavum, mucrone obtuſo, ſeu cylindraceum.

*It. Œland.* 99. Cochlea parva, ſpiris ſeptem.

*Argenvil. Conchyl. part. II, t. 9, f. 11.*

LE PETIT BARILLET. Long. 1 ligne.

Celle-ci reſſemble en tout à la précédente , & n'en diffère que parcequ'elle n'a que ſix ſpi-rales , & qu'elle eſt plus petite de plus de moitié. On la trouve dans les mêmes endroits que le grand Barillet.

XXI. Cochlea, teſta alba, fra-gili, acuta, ſpiris ſex.

L'AIGUILLETTE. Longueur 1 ⅔ ligne, largeur ¼ ligne.

Cette petite Coquille eſt lon-gue, mince & fine comme une aiguille; ce qui lui a fait donner

C vj

le nom qu'elle porte, Elle est
blanche, fragile, délicate, &
elle décrit six tours de spirale.
On la trouve sur les vieux murs
entre les mousses : il est rare de
la rencontrer avec l'Animal
qu'elle contient; presque toujours elle est vuide.

XXII. Cochlea, testa membra-
nacea, subflava, oblonga,
mucrone obtuso, anfractibus
tribus.

*Linn. Faun. Suec.* 1317.

*Linn. Syst. Nat.* edit. 10, *I*, *pag.* 776.
*n.* 614. Helix, testa imperforata,
ovata, obtusa, flava, apertura ovata. Vulgò *Putris.*

*Swammerd. Bibl. Nat. tom.* 1 , *p.* 155 ,
  *t.* 8 , *f.* 4. Cochlea, figuræ ovalis.
*Liſt. Angl.* 140 , *t.* 2 , *f.* 24. Bucci-
  num ſubflavum, pellucidum, trium
  ſpirarum.
*Idem , Hiſt. Conchyl.* 3 , *t.* 123 , *f.* 23.
  Buccinum ſubflavum, pellucidum,
  trium orbium.
*Bonan. Recreat.* 3 , *p.* 119 , *f.* 54.
*Petiv. Muſ.* 83 , *n.* 808. Buccinum
  fluviatile noſtras, teſta prætenui ,
  fragili.
*Tulp. Obſerv.* 200 , *t.* 201.
*Klein , Oſtr. t.* 3 , *f.* 70.
*Argenv. Conch. part.* I , *tab.* 27 , *n.* 6 ,
  *fig. ultima.*

L'Amphibie ou l'Ambrée. Longueur
  9 lignes, largeur 4 $\frac{1}{2}$ lignes.

Les dimenſions que nous don-

nons de cet Animal, font prifes
fur un des plus grands; il y en
a de beaucoup plus petits. Sa
Coquille eft mince, délicate,
tranfparente; d'une couleur très
jaune & ambrée, quand on en
a tiré l'Animal qui eft noirâtre.
On y apperçoit de petites ftries
obliques, parallelés les unes aux
autres. Elle forme feulement
trois tours de fpirale, dont le
premier eft très ample, le fecond moyen, & celui d'en haut
fort petit ; ce qui fait que la
pointe de cette Coquille eft ob-
tufe, & que fon ouverture eft
large. Cette Coquille eft amphibie : on la trouve dans les

étangs & les ruiſſeaux ; mais fort
ſouvent elle en ſort, & grimpe
ſur les plantes voiſines de l'eau.
Elle eſt très commune.

2. à *Volutes tournées à gauche.*

**XXIII.** Cochlea , teſta fuſca ,
opaca, apertura compreſſa ,
labro albo reflexo, ſpiris de-
cem ſiniſtrorſis.

*Liſt. Angl. p.* 123 , *t.* 2 , *f.* 10. Buccinum pullum , opacum , ore com-
preſſo , circiter denis ſpiris faſti-
giatum.

*Liſt. Synopſ. Meth. t.* 41 , *f.* 39.
*Argenv. Conchyl. I , t.* 28 , *f.* 19.
*Argenv. Conchyl. II , p.* 81 , *t.* 9 ,
*f.* 14.

LA NOMPAREILLE. Longueur 4 ligne
largeur 1 ligne.

Sa Coquille est allongée,
brune, opaque, & nullement
transparente. Vue de près, elle
paroit avoir des stries fines longitudinales. Le haut de la Coquille se termine en pointe
mousse, le milieu est plus ren-
flé & le bas se resserre de nouveau. Elle fait dix tours de spirale. Son ouverture est oblon-
gue, un peu resserrée, sur-tout
vers le haut, & elle est bordée
d'une levre blanche : au haut de
l'ouverture on apperçoit un re-
pli ou une crête, pareillement

blanche. On trouve cette Coquille au pied des murs & des
vieux arbres, dans la mousse &
sur les pierres. Elle est fort commune ici. Sa forme lui a fait donner le nom de *Nompareille*, ses
volutes étant tournées dans un
sens contraire à celui qui est or-
dinaire aux autres Coquilles.
C'est par - là qu'elle differe de
l'Anti - Nompareille, que nous
avons décrite ci - dessus ; ayant
d'ailleurs dix tours de spirale,
au lieu que l'Anti-Nompareille
n'en a que neuf.

XXIV. Cochlea , testa subcy-
lindracea , obtusa , labro albo

reflexo, ore quadridentato, fpiris octo finiftrorfis.

L'Anti-Barillet. Long. 3 $\frac{1}{2}$ lignes, Larg. 1 $\frac{1}{3}$ ligne.

Cette Coquille eft de couleur jaunâtre, & fon teft eft affez dur & liffe. Elle eft prefque cylindrique, & le haut fe termine en pointe très mouffe, & à-peuprès comme le grand Barillet, auquel elle reffemble beaucoup. Elle décrit huit tours de fpirale. Sa bouche ovale eft un peu étranglée, a un rebord blanc affez épais, & de plus, dans fon ouverture quatre replis ou dents blanches, dont une en haut, deux à droite près l'une de l'autre, & une plus groſſe à gauche en regardant l'ouverture de face & la pointe en haut. On trouve cette Coquille dans les mêmes endroits que la précédente. Comme elle reſſemble au Barillet, mais que ſes volutes ſont tournées dans un ſens contraire, ou de droite à gauche ; nous l'avons appellée l'*Anti - Barillet.*

## LE BUCCIN. · BUCCINUM.

| | |
|---|---|
| 2 Tentacules plats en forme d'oreille. | Tentacula 2 plana auriformia. |
| Yeux placés à la bafe des tentacules du côté intérieur. | Oculi ad bafim interne. |
| Coquille univalve en fpirale & conique. | Tefta univalvis, fpiralis, conica. |

Nous ne connoiffons autour de Paris que trois efpeces de Buccins, qui toutes les trois font aquatiques, ne vivent que dans l'eau, & périffent quelque tems après qu'on les en a tirées.

Les Animaux que renferment ces Coquilles reffemblent beaucoup aux Limas; mais ils en different par des caracteres bien effentiels. Au lieu que les Limas

ont quatre tentacules ou efpeces
de cornes à la tête, les Buccins
n'en ont que deux, encore dif-
ferent-ils de ceux des Limaçons
par leur forme : ils ne font point
arrondis comme les leurs ; au
contraire , ils font larges & applatis prefque comme les oreilles
des Quadrupedes. On diroit que
cet Animal a deux petites oreilles à fa tête. Une autre différence, c'eft que les yeux du Buccin
ne font point pofés à l'extrémité des cornes, comme dans les
Limaçons ; mais au bas vers leur
bafe , & du côté intérieur de
cette bafe. Si ce font, dans les
uns & les autres, de véritables

yeux, comme on peut le croire, le Limas dont les yeux font élevés fur des efpeces de colonnes, doit mieux voir que le Buccin, qui porte fes yeux à la bafe de fes tentacules, & qui les ayant placés à la partie intérieure, doit encore être gêné par cette pofition : fes tentacules doivent fouvent lui cacher la vue des objets.

Les Buccins font Hermaphrodites, comme les Limaçons ; mais leur accouplement ne s'exécute pas de même. Lorfqu'ils ne font que deux, l'accouplement n'eft point double ; un feul fait l'office de mâle, & l'autre celui

de fémelle ; ce qui vient de la
poſition de leurs parties, qui
rend le double accouplement
impoſſible : mais s'il en ſurvient
un troiſieme , alors il ſaiſit celui des deux qui fait avec le premier l'office de mâle, s'accouple
avec lui & fait le même office;
enſorte que celui du milieu exer-
ce l'action de mâle & de femelle;
mais avec deux Buccins différens. Quelquefois on en voit
dans les ruiſſeaux , des bandes
conſidérables ainſi accouplées,
dont tous font l'office de mâle
& de fémelle avec deux de leurs
voiſins ; tandis que les deux derniers, qui ſont aux deux extré-

mités de ce chapelet, moins fortunés que les autres, n'agiffent que comme mâle, ou comme femelle feulement.

Les Coquilles des Buccins, font toutes formées en fpirales & allongées.

I. Buccinum, tefta oblonga, fufca, anfractibus fenis.

*Linn. Faun. Suec.* 1310. Cochlea, tefta producta, acuminata, opaca, anfractibus fenis, fubangulatis, apertura ovata.

*Linn. Syft. Nat. edit.* 10, *I, p.* 774, *n.* 612. Helix, tefta imperforata, ovato-fubulata, fubangulata, apertura ovata. Vulgò *Stagnalis.*

*Petiv. Muf. tab.* 82, *n.* 805. Buccinum,

num fluviatile noſtras, oblongum, majus.

*Liſt. Angl.* 137, *t.* 2, *f* 21. Bucci-num longum, ſex ſpirarum, om-nium & maximum & productius, ſubflavum, pellucidum, in tenue acumen ex ampliſſima baſi mucro-natum.

*Idem, Hiſt. Conch* 2, *t* 123, *f.* 2. Buc-cinum ſubflavum, pellucidum, ſex orbium, clavicula admodum tenui, productiore.

*Friſch. Inj.* 8, *t.* 7.

*Gualt. Teſt. tab.* 5, *f.* 1.

*Aldrov. Teſt.* 3, *p.* 359, *n.* 3. Turbo levis, in ſtagnis degens.

*Swammerd. Bibl. Nat. tab.* 9, *f.* 4.

LE GRAND BUCCIN. Long. 14 lignes, largeur 5 lignes.

Cette Coquille, une des plus

D

grandes parmi les aquatiques
des environs de Paris, eft de
couleur brune, fouvent noirâtre ; quelquefois claire, tranfparente & ambrée ; mais toujours d'une feule couleur. Sa
forme allongée lui a fait donner
le nom de *Buccin*, parcequ'elle
reffemble aux Conques marines
qui, fuivant la Fable, fervoient
de trompettes aux Tritons. Elle
décrit fix tours de fpirale, dont
le premier, plus large que les autres, forme un ventre affez gros.
Les autres vont en diminuant
confidérablement, & forment
une pointe allongée & très aiguë. Toute la Coquille a des

ſtries longitudinales peu ſenſi-
bles, & de plus, chaque tour de
ſpirale a ſouvent une raie lon-
gitudinale blanchâtre qui la tra-
verſe de haut en bas, & qui ſem-
ble faire la diviſion d'un tour à
l'autre. Cette Coquille eſt très
commune dans les ruiſſeaux &
les étangs.

II. Buccinum, teſta oblonga,
fuſca, anfractibus quinque.

*Liſt. Angl.* 1 3 9, *tab. 2 f.* 2 2. Buccinum
minus, fuſcum, ſex ſpirarum, ore
anguſtiore.

*Petiv. Muſ.* 82, *n.* 306. Buccinum
fluviatile noſtras, oblongum, minus.

Le Petit Buccin. Long. 3 $\frac{1}{4}$ lignes, largeur 1 $\frac{2}{3}$ lignes.

Cette efpece approche beaucoup de la précédente ; mais outre qu'elle eſt quatre ou cinq fois plus petite, elle a encore pluſieurs différences fenſibles. 1°. Elle n'a conſtamment que cinq tours de ſpirale, au lieu de ſix que marque Liſter ; ce qui a pu induire en erreur M. Linnæus, qui l'a confondue avec la précédente. 2°. Sa Coquille eſt moins fragile & moins mince que celle du grand Buccin. 3°. Elle eſt moins allongée, à proportion , & ſa pointe eſt moins aiguë ; au contraire , le bas eſt moins large, & ſa bouche par conſéquent moins grande que dans la précédente. Ces différences ſuffiſent pour prouver que ce Buccin n'eſt pas le même que le *Grand*. On le trouve communément dans les ruiſſeaux & les étangs.

III. Buccinum, teſta diaphana, mucrone acuto breviſſimo , apertura ampliſſima , anfractibus quatuor.

*Linn. Faun. Suec.* 1 3 1 5 . Cochlea, teſta diaphana , anfractibus quatuor, mucrone acuto breviſſimo , apertura acutiſſima.

*Linn. Syft. Nat. edit.* 10, *I*, *p.* 774, *n.* 617. Helix, tefta imperforata, ovata, obtufa, fpira acuta breviffima, apertura ampliata. Vulgò *Auricularia*.

*Lift. Angl.* 139, *t.* 2, *f.* 23. Buccinum pellucidum, flavum, quatuor fpirarum, mucrone ampliffimo, teftæ apertura omnium maxima.

*Idem, Hift. Conch.* 2, *t.* 123, *f.* 32. Buccinum fubflavum, pellucidum, quatuor orbium, ore ampliffimo, mucrone acuto.

*Idem, Exercit.* 2, *p.* 54. Buccinum fluviatile, pellucidum, fubflavum, quatuor fpirarum, mucrone acuto, teftæ apertura patentiffima.

*Petiv. Muf.* 83, *n.* 807. Buccinum fluviatile noftras, breve, ore patulo.

*Argenv. Conch. part. I, tab. 17, n. 7,*
   *fig. 4.*
*Idem, part. II, t. 8, f. 6.*
*Klein, Ostr. 54, t. 3, f. 69.*

LE RADIX, ou BUCCIN VENTRU. Longueur 8, 9 lignes, largeur 7 lignes.

Cette Coquille est transparente & assez fragile. Elle décrit quatre tours de spirale, dont
le dernier, ou celui d'en bas, est
prodigieusement gros & large,
& forme comme un ventre ; ce
qui rend l'ouverture de la Coquille très grande : les trois autres sont très petits, & font une
petite pointe aiguë, qui paroît
comme entée sur ce gros ventre.

                               D iv

Les levres de l'ouverture font un peu réfléchies en dehors. C'eſt dans l'eau qu'on trouve ce Buccin avec les précédens; il eſt un peu moins commun.

# Le Planorbe. Planorbis.

| | |
|---|---|
| 2 Tentacules filiformes. | Tentacula 2 filiformia. |
| Yeux placés à la bafe des tentacules du côté intérieur. | Oculi ad bafim interne. |
| Coquille univalve en fpirale & ordinairement applatie. | Tefta univalvis, fpiralis, plærumque depreffa. |

| | |
|---|---|
| *Famille premiere*, à Coquille applatie. | *Familia prima*, Tefta plana depreffa. |
| — *Seconde*, à Coquille allongée. | —*Secunda*, Tefta oblonga. |
| — *Troifieme*, à Coquille ovoïde. | — *Tertia*, Tefta globofa. |

Les Planorbes, que quelques uns nomment Cornets de Saint Hubert, font des Coquilles compofées de plufieurs fpirales, ordinairement applaties, comme les Cornes d'Ammon. Le carac-

D v

tere de ce genre eſt aiſé à ſaiſir.
Ces animaux n'ont que deux
tentacules, comme les Buccins,
& leurs yeux ſont placés à la
baſe de ces tentacules, du côté
intérieur, comme dans ces Animaux; mais les Planorbes different des Buccins par un autre
caractere; c'eſt la forme des tentacules. Ceux des Buccins, ainſi
que nous l'avons dit, ſont larges
& applatis, comme des oreilles;
au lieu que ceux de ce genre ſont
minces, arrondis & filiformes.
C'eſt par ce dernier caractere
qu'on diſtingue ces deux genres.
La forme de la Coquille peut
auſſi y entrer pour quelque choſe.

En général elles font ordinairement applaties; & ce font celles
qui compofent la premiere famille. Cependant cette forme
de Coquille n'eft pas tellement
effentielle aux Animaux de ce
genre, qu'il n'y en ait de figure
très différente. Nous en connoiffons deux, dont l'un a une
Coquille de figure allongée en
forme de vis, & dont nous avons
fait la feconde famille; & l'autre, en porte une globuleufe &
arrondie comme un œuf; c'eft
celui de la troifieme famille. Ces
deux Animaux, malgré la différence de leurs Coquilles, fe

D vj

rapporte à ce genre ; ils en ont les caracteres.

Tous les Planorbes font aquatiques, & ne vivent que dans l'eau. Ces Animaux font Hermaphrodites, & leur accouplement eft parfaitement femblable à celui des Buccins ; ainfi nous ne répéterons pas ce que nous avons dit ci - deffus à ce fujet. On peut confulter l'article des Buccins.

## §. I.

*A COQUILLE APPLATIE.*

I. Planorbis, tefta plana, pulla,

supra umbilicata, anfractibus
quatuor teretibus.

*Linn. Faun. Suec.* 1304. Cochlea, testa plana, pulla, supra umbilicata,
anfractibus quatuor teretibus.

*Linn. Syst. Nat: edit.* 10, *I*, *p.* 770,
*n.* 587. Helix, testa supra umbilicata, plana, nigricans, anfractibus
quatuor teretibus. Vulgo *Cornea.*

*List. Angl.* 143, *t.* 2, *f.* 26. Cochlea,
pulla, ex utraque parte circa umbilicum cava.

*Idem, Exercit.* 2, *p.* 59. Purpura seu
cochlea fluviatilis, major, compres-
sa.

*Gualt. Test. t.* 4, *f. DD.*

*Argenville, Conch. part. II, t.* 8, *f.* 7.

LE GRAND PLANORBE à fpirales rondes. Diametre 8 lignes.

Cette Coquille décrit quatre
tours de volute, qui ne s'élevent
point en fpirale, comme les autres genres de Coquilles; mais
qui tournent autour d'eux-mê-
mes, & s'enveloppent comme la
plupart des efpeces de ce genre.
Ces volutes font cylindriques;
ce qui rend les bords de la Coquille ronds. Son teft eft de couleur obfcure, un peu tranfpa-
rent, légerement ftrié, fouvent
couvert d'une efpece de boue,
un peu luifant lorfqu'il eft né-
toyé. La Coquille eft prefque

plate en deſſous , comme les
Cornes d'Ammon ; en deſſus,
elle eſt concave , & forme un
ombilic très creux. On la trouve
communément dans les petits
ruiſſeaux & les étangs. L'Animal qu'elle renferme eſt d'une
couleur fort noire, & ſi on ou-
vre ſon corps , il en ſort une li-
queur d'un rouge foncé.

**II.** Planorbis, teſta plana, alba,
utrinque concava , anfractibus quinque teretibus.

*Linn. Faun. Suec.* 1305. Cochlea , teſta plana , alba , utrinque concava,
anfractibus quinque teretibus.

*Linn. Syſt. Nat. edit.* 10 , *I , p.* 770,

*n.* 588. Helix, tefta utrinque concava, plana, albida, anfractibus quinque teretibus. Vulgo *Spirorbis*

*Act. Upf.* 1736, *p.* 40, *n.* 2. Cochlea,
tefta depréffa, utrinque fubæquali,
fpira tereti.

LE PETIT PLANORBE, à cinq fpirales
rondes. Diametre 1 ½ ligne.

La couleur de cette efpece
de Coquille eft blanchâtre. Elle
eft plate, un peu concave tant
en deffus qu'en deffous, & elle
décrit cinq tours de fpirale,
qu'on apperçoit également des
deux côtés. Ses fpirales font arrondies, ainfi que fon ouverture.
On la trouve dans les étangs.

III. Planorbis, testa fusca, supra plana, subtus concava, perforata, anfractibus sex teretibus.

LE PETIT PLANORBE, à six spirales rondes. Diametre $1\frac{1}{4}$ ligne.

Cette petite espece est plate en dessus, concave en dessous, avec un ombilic enfoncé & perforé au milieu ; de façon qu'on ne voit gueres que deux tours de spirale en dessous, qui paroissent assez larges ; mais en dessus, on en compte six fort serrés. Ces spirales sont arrondies comme celles des deux especes précédentes, sans arrête ni rebord,

& l'ouverture bien perpendiculaire forme une efpece de lunule ou de croiffant. Cette Coquille eft de couleur brune : on la trouve dans l'eau avec les autres Planorbes ; mais elle eft un peu rare.

IV. Planorbis, tefta plana, fufca, fupra concava, anfractibus quatuor, margine prominulo.

*Linn. Faun. Suec.* 1306. Cochlea, tefta plana, fufca, fupra concava, anfractibus quatuor, margine prominulo.

*Linn. Syft. Nat. edit.* 10, I, p. 769, *n.* 578. Helix, tefta fubcarinata, umbilicata, plana, fupra concava, apertura oblique ovata, utrinque acuta. Vulgo *Planorbis*.

*Lift. Angl.* 145, *t.* 2, *f.* 27. Cochlea, fufca altera parte planior, & limbo infignita, quatuor fpirarum.

*Idem, Hift. Conch. II*, *t.* 138, *f.* 42. Cochlea, fufca, limbo circumfcripta.

*Petiv. Gafop.* 16, *t.* 10, *f.* 11. Planorbis minor fluviatilis, acie acuta.

*Gualt. Teft. t.* 4, *f. EE.*

*Klein, Oftr. t.* 1, *f.* 8.

LE PLANORBE, à quatre fpirales à arrête. Diametre 6 lignes.

Cette Coquille eft applatie & un peu renfoncée dans fon milieu, tant en deffus qu'en deffous. Elle eft noire lorfque l'Ani-

mal eſt vivant; mais lorſqu'il a
été tiré de ſa Coquille elle eſt
tranſparente, de couleur de corne, avec de petites ſtries qui tra-
verſent les ſpirales obliquement.
Les tours de ſpirale que décrit
la Coquille ſont au nombre de
quatre, & quelquefois de cinq,
dont celui du milieu eſt très petit, & ſouvent incomplet. La
ſpirale extérieure a dans ſon milieu une arrête ou bord aigu, qui
regne tout autour de la Coquille. L'ouverture ou la bouche
eſt ovale, un peu aiguë par les
deux bouts, & regarde obliquement le deſſous, ayant ſon bord
ſupérieur plus long que l'infé-

rieur. On trouve cette Coquille dans les marais, les étangs & les rivieres.

V. Planorbis, testa plana, fusca, supra concava, anfractibus sex, margine acuto.

*Linn. Faun. Suec.* 1307. Cochlea, testa fusca, plana, supra concava, anfractibus quinque, margine acuto.

*Linn. Syst. Nat. edit.* 10, *I*, *p.* 770, *n.* 583. Helix, testa carinata, plana, supra concava, apertura ovali. Vulgo *Vortex.*

*List. Angl.* 145, *t.* 2, *f.* 28. Cochlea exigua subfusca, altera parte planior, sine limbo, quinque spirarum.

*Gualt. Test. t.* 4, *f. GG.*

LE PLANORBE, à fix fpirales à arrête.
Diametre 3 lignes.

Cette efpece reffemble beaucoup à la précédente pour la
forme & pour la couleur ; mais
outre qu'elle eft plus petite, elle
eft moins ftriée, & a plus de tours
de fpirale : ordinairement fix.
De plus, l'arrête de la fpirale extérieure eft moins au milieu que
dans l'efpece ci-deffus, & forme
le bord inférieur fur lequel la
Coquille eft appuyée. On trouve
ce Planorbe avec les précédens.

VI. Planorbis, tefta plana, fubtus concava, anfractibus tribus deorfum marginatis.

*Linn. Faun. Suec.* 1308. Cochlea, tefta plana , fupra convexa , fubtus
concava, anfractibus quatuor deorfum marginatis.

LE PLANORBE, à trois fpirales à arrête. Diametre 2 lignes.

Celle-ci eft encore de la même
forme & de la même couleur que
les efpeces précédentes ; mais
elle eft plus petite, & fes fpirales
au nombre de trois, ou trois &
demi, font beaucoup plus grof-
fes. Le deffus & le deffous de la
Coquille font un peu concaves.
La derniere fpirale, ou le bord
extérieur a une arrête faillante
& aiguë, placée tout-à-fait à la

partie inférieure ; ce qui rend ce
côté des spirales plat. On trouve
cette Coquille avec les précédentes.

VII. Planorbis, testa plana, sub-
villosa, subtus concava, anfractibus tribus in medio marginatis.

Le Planorbe velouté. Diametre 2
lignes.

Ce petit Planorbe décrit trois
tours de spirale. Il est plat en dessus & concave en dessous ; char-
gé de stries légeres, longitudinales & transverses. Sa spirale
extérieure a un rebord ou une
arrête, mais placée dans son milieu,

lieu, & non au rebord, comme
dans la précédente. Cette fpirale extérieure eft plus groffe que
les deux autres, qui font fort
petites. L'ouverture eft ovale &
placée obliquement, regardant
le côté inférieur. Mais une fin-
gularité de cette Coquille, c'eft
d'être un peu velue, & garnie
d'un duvet de poils courts; ce
qui fait qu'elle n'eft jamais polie
ni brillante. Elle a été trouvée
dans l'eau avec les précédentes.

VIII. Planorbis, tefta planá,
   fubtus concava, anfractibus
   tribus, plicis tranfverfis fim-
   briatis.

E

*Rofel. Inf. tom.* 3 , *tab.* 97 , *fig.* 6 , 7.

LE PLANORBIS TUILÉ. Diamet. 2 $\frac{1}{2}$ lig.

Sa Coquille eft tranfparente, de couleur pâle, femblable à celle de la corne. Elle eft plate en deffus, concave en deffous : elle décrit trois tours de fpirale, dont l'extérieur eft beaucoup plus grand que les autres, & a des ftries tranfverfes élevées, repréfentant des efpeces de feuillets allongés, plus longs vers le bord de la Coquille, & un peu couchés ; de façon qu'ils reffemblent à des tuiles couchées les unes fur les autres. Cette Coquille eft rare; on la trouve dans la petite riviere des Gobelins.

## §. II.

*A COQUILLE ALLONGÉE.*

IX. Planorbis, tefta nigrican-
te, producta, oblonga, anfractibus feptem, quadratis
marginatis.

*Argenv. Conch. part. II, pl. 8, fig. 4.*

Le Planorbis en vis. Long. 2 lignes,
largeur $\frac{2}{3}$ lign.

Cette rare & finguliere efpece
eft de couleur noire. Ses fpirales
pofées les unes au-deffus des autres la font reffembler à une vis.
Ces fpirales, au nombre de fept,

font quarrées, & ont à leurs
bords tant fupérieur qu'inférieur, des angles bien marqués.
Le total de la Coquille paroît
un peu irrégulier, quoique les
fpirales diminuent également;
parceque quelques-unes, fur-
tout les deux petites d'en-haut,
ne font pas pofées abfolument
d'aplomb fur les autres. La Coquille eft percée en deffous d'un
petit ombilic, & fon ouverture
eft oblique, bordée d'un peu de
blanc.

Ce Planorbis n'a été trouvé
ici qu'une feule fois dans la riviere des Gobelins, par M. de
Juffieu, qui m'a permis d'en

prendre la figure & la descrip-
tion ; & c'est d'après le dessein
que j'en avois fait, que feu
M. d'Argenville l'a fait graver
dans son Ouvrage. La figure de
l'Animal qu'il y a fait ajouter
a été faite d'idée.

## §. III.

### A COQUILLE OVOIDE.

X. Planorbis, testa fragili, pellucida, globosa, anfractibus
quatuor sinistrorsis.

*List. Hist. Conch.* t. 134. f. 34. Buccinum fluviatile, à dextra sinistrorsum
tortile, triumque orbium, sive ne-
ritodes.

E iij

*Lift. Angl.* 142, *t.* 2, *f.* 25. Buccinum
exiguum, trium fpirarum à finiftra
in dextram convolutarum.

*Adanfon, Seneg. I, p.* 7. Bulin.

LA BULLE AQUATIQUE. Long. 2 lig.
larg. 1 $\frac{1}{2}$ ligne.

La forme de cette efpece s'é-
loigne encore plus de la figure
des autres Planorbis que la précédente : elle reffemble à un œuf.
Ses fpirales font au nombre de
quatre ; mais celle d'en bas, beaucoup plus groffe, fait prefque à
elle feule le corps de la Coquille.
Les trois autres, pofées fur cette
premiere, font très petites. Le
teft de cette Coquille eft mince

& tranſparent, & paroît noirâtre quand l'animal eſt vivant,
à cauſe de la couleur noire de
ſon corps. Une autre ſingularité
de cette Coquille, c'eſt qu'elle
eſt du nombre des uniques, ou
de celles dont les ſpirales ſont
tournées dans un ſens contraire
à celui des autres Coquilles,
c'eſt-à-dire de droite à gauche.
Lorſque l'Animal eſt vivant, en
marchant il fait ſortir de ſa Coquille une membrane, ou pelli-
cule dentelée par les bords, qui
couvre les trois quarts de cette
Coquille. Nous l'avons appellée
*la Bulle*, à cauſe de ſa forme
arrondie, & de ſa tranſparence

E iv

qui la fait ressembler à une bulle
d'eau. Elle varie pour la grandeur : il y en a qui sont plus
grosses que les autres presque du
double. On trouve cette *Bulle*
très communément dans les ruis-
saux & les mares des environs
de Paris.

| LE NÉRITE. | NERITA. |
|---|---|
| 2 Tentacules. | Tentacula 2. |
| Yeux placés à la base des tentacules du côté extérieur. | Oculi ad basim externe. |
| Opercule à la Coquille. | Operculum testæ. |
| Coquille univalve en spirale & presque conique. | Testa univalvis, spiralis, subconica. |

LES Nérites sont toutes aquatiques, à l'exception de la premiere espece, l'*Elégante striée* qui est terrestre. Ces Animaux ne sont point hermaphrodites comme les Limas, les Buccins & les Planorbes, dont nous avons parlé jusqu'à présent; ils sont distingués par le sexe: les uns sont mâles, & les autres femelles. Leur caractere est d'avoir deux

tentacules; en quoi ils different
des Limas qui en ont quatre : &
deux yeux à la base de ces tentacules, mais au côté extérieur;
ce qui les distingue des Buccins
& des Planorbes qui les ont au
côté intérieur. Un autre caractere bien essentiel de ce genre,
c’est d’avoir un opercule, ou petite lame de la nature du test,
sur laquelle on distingue les em-
preintes d’especes de spirales, &
qui sert à fermer exactement la
Coquille. Ce caractere semble
rapprocher ce genre de Coquilles Univalves des Bivalves,
comme l’a très bien remarqué
M. Adanson. Quoique cet oper-

cule soit retiré, & ferme la Coquille, la partie du mâle paroît
toujours un peu près du col à
l'extérieur ; excepté cependant
dans la Vivipare, où cette partie se cache & s'enfonce dans un
des tentacules; en sorte que les
mâles de cette espece, ont une
de ces cornes plus grosse que
l'autre ; ce qui les fait distinguer
de leurs femelles à la premiere
inspection. Toutes ces Nérites
sont ovipares, & pondent des
œufs, à l'exception de la seule
espece que nous avons appellée
la Vivipare, parcequ'elle fait
des petits tout vivants, qui sor-
tent du corps de la mere, avec

E vj

leurs petites Coquilles. On verra
dans le détail des especes ce que
chacune d'elles a de plus remarquable, la belle panache du Porte-Plumet, & les jolies couleurs
·de la Nérite des Rivieres.

I. Nerita, testa oblonga, cinerea, densissime striata, ma-
culis rufescentibus, anfractibus quinque.

*Lift. Angl. p.* 119, *tab.* 2, *f.* 5. Cochlea
cinerea, interdum leviter rufes-
cens, striata, operculo testaceo
cochleato donata.

*Colum. Purpur. cap.* 9, *p.* 18. Cochlea
terrestris, turbinata & striata.

*Argenvil. Conchyl. part. I, t.* 28, *f.* 12,
*Idem, part. II, t.* 9, *f.* 9.

L'ELÉGANTE STRIÉE. Long. 5 lignes,
larg. 4 lignes.

Cette Coquille eſt allongée
en pyramide, dont la baſe eſt
large. Elle décrit cinq tours de
ſpirale, dont les deux d'en haut
ſont fort petits. On remarque
qu'elle eſt couverte à l'extérieur
de ſtries tranſverſes, fort ſerrées,
entrecoupées de quelques autres
longitudinales. Sa couleur eſt
cendrée, variée de taches brunes, rougeâtres, oblongues, qui
forment des raies tranſverſes;
mais quand l'Animal eſt mort,
& que la Coquille eſt reſtée vuide quelque tems ſur la terre, ces

taches s'effacent, & elle paroît toute de couleur cendrée. Les ftries font auffi quelquefois plus ou moins marquées. L'ouverture de la Coquille eft prefque ronde, fans levres ni rebord, & l'opercule qui la ferme eft en volute.

On trouve cette Coquille dans les bois humides; c'eft la feule de ce genre, qui ne foit point aquatique. L'élégance de fes ftries lui a fait donner, d'après Lifter, le nom qu'elle porte.

II. Nérita, tefta oblonga, fub-viridefcente, fafciis tribus lividis, anfractibus quinque.

*Linn. Faun. Suec.* 1312. Cochlea, testa oblongiuscula, obtusa, anfractibus teretibus, lineis tribus lividis.

*Linn. Syst. Nat. edit.* 10, I, p. 772. *n.* 603. Helix, testa imperforata, sub-ovata, obtusa, cornea, cingulis fuscatis, apertura suborbiculari.

*List. Angl. p.* 133, *t.* 2, *f.* 17. Cochlea maxima fusca, seu nigricans, fasciata.

*Idem, Hist. Conch. II, t.* 126, *f.* 26. Cochlea vivipara, fasciata.

*Idem, Exercit. II, p.* 17, *t.* 2. Cochlea maxima viridescens, fasciata, vivipara.

*Swammerd. Bib. Nat. t.* 9, *f.* 3. Cochlea vivipara.

*Petiv. Muf.* 84, *n.* 814. Cochlea fluviatilis, vivipara, londinensis.

*Gualt. Teſt. t. 5 , f. 1.*

*Act. Upſ.* 1736 , *p.* 40 *n.* 14. Cochlea, teſta producto-convexa fluviatilis.

*Argenv. Conchyl. II part. pl.* 8 , *f.* 2.

LA VIVIPARE, à bandes. Long. 8 lig, largeur 7 lignes.

La forme de cette Coquille eſt ſemblable à celle de la précédente, à la grandeur près; car elle eſt beaucoup plus grande: de plus , elle n'a que quelques ſtries longitudinales, peu apparentes, & du reſte, elle eſt aſſez liſſe. Sa couleur eſt pâle un peu verdâtre ; quelquefois brune , avec trois bandes d'un brun obcur, paralleles l'une à l'autre,

qui fuivent la direction des fpi-
rales.Quand l'animal eft vivant,
la Coquille eft plus brune , &
les bandes paroiffent moins que
quand la Coquille eft vuide. Son
ouverture eft ronde, fans rebord
ni levres, & elle eft fermée par
un opercule à volutes , comme
dans l'efpece précédente.

Cette Coquille eft vivipare,
au lieu que les autres de ce genre font ovipares ; & c'eft de la
que lui a été donné le nom
qu'elle porte. On la trouve dans
les étangs & les rivieres; il y en
a beaucoup dans la Seine.

III. Nerita, tefta oblonga, pel-

lucida, cornea, anfractibus
quinque.

*Linn. Faun. Suec.* 1313. Cochlea, tefta oblonga, obtufa, anfractibus
quatuor, laxis, cinereis, opacis,
apertura fubovata.

*Linn. Syft. Nat. edit.* 10, *I, p.* 774,
*n.* 616. Helix, tefta imperforata,
ovata, obtufa, impura, apertura
fubovata. Vulgo *Tentaculata.*

*Lift. Angl.* 135, *tab.* 2, *f.* 19. Cochlea
parva fubflava, intra quinque fpi-
ras finita.

*Act. Upf.* 1736, *p.* 41, *n.* 16. Cochlea
paluftris, teftæ hiatu rotundo, con-
tracto, fpiris laxis.

LA PETITE OPERCULÉE AQUATIQUE.
Long. 3 ½ lig. larg. 2 ½ lig.

On retrouve encore dans cette

Coquille la même forme que dans les deux précédentes. Son teſt eſt fragile, jaunâtre, tranſparent, ſemblable à de la corne, aſſez liſſe & ſans ſtries. Souvent elle eſt couverte de limon qui la rend raboteuſe, & de couleur cendrée. Elle a cinq tours de ſpirale, comme les précédentes, & ſon ouverture preſque ronde eſt fermée par un opercule ſemblable aux leurs. On la trouve dans les rivieres & les eaux dormantes.

IV. Nerita, teſta ovata, livida pellucida, ſubtus perforata anfractibus tribus.

LE PORTE-PLUMET. Longueur 1 lig.
larg. 1 ½ ligne.

Je ne trouve décrite nulle part
cette espece, l'une des plus sin-
gulieres & des plus jolies de ce
genre, & même de toutes celles
que nous avons dans ce Pays-ci.
Sa Coquille est peu élevée, fort
large, de couleur obscure &
transparente. Elle ne décrit que
trois tours de spirale, & en dessous elle est perforée dans son
milieu par un petit trou. Son ouverture est large pour sa grandeur, & elle est fermée d'un
opercule à volutes. Le test de la
Coquille n'a rien, comme on

le voit, de bien singulier. Mais si
on observe l'Animal vivant, &
qu'on le voie se promener dans
un bocal plein d'eau ; on apperçoit outre les deux tentacules de
la tête, qui lui sont communs
avec les Animaux de ce genre,
& avec plusieurs autres, un troi-
sieme tentacule latéral, qui ne
part point de la tête, comme
les précédens, mais de côté, &
qui est beaucoup plus long &
plus fin. L'Animal le porte en
l'air & le remue. De plus, il a
sur le côté droit de la tête un
grand panache, ou espece de
Plumet, plus long que ses tentacules, qui à des deux côtés

des barbes ondées. ( *Crifta pen-
nata pennis undulatis.* ) Ce font
les branchies de cet Animal, qui
lui fervent au même ufage que
celles des poiffons ; je veux dire
à refpirer. Rien n'eft plus joli
que ce panache qui s'étend
& fe refferre, & que cette Coquille porte comme un bouquet,
fur le côté de la tête. C'eft à
caufe de ce beau panache, que
nous l'avons nommée *Porte-
Plumet.* On la trouve dans les
eaux des étangs, & des petites
rivieres. Elle eft commune dans
la riviere des Gobelins.

V. Nerita, tefta lata, compacta,

scabra, e cœruleo virescente, apertura semi-ovata, anfractibus duobus.

*Linn. Faun. Suec.* 1318. Cochlea, nerita fluviatilis dicta.

*Linn. Syst. Nat. edit.* 10, *I, p.* 777, *n.* 632. Nerita, testa rugosa, labiis edentulis. Vulgo *Fluviatilis.*

*List. Angl.* 136, *t.* 2, *f.* 20. Nerita fluviatilis è cæruleo virescens, maculatus, operculo subrufo, lunato & aculeato donatus.

*Idem, Hist. Conch. II, p.* 1, *f.* 38. Nomen idem.

*Petiv. Musf.* 67, *p.* 718. Nerita thamensis, exiguus, reticulate variegatus.

*Argenv. Conchyl. I, t.* 27, *f.* 5.
*Idem, II, t.* 8, *f.* 3.

LA NÉRITE DES RIVIERES. Hauteur
2 lign. larg. 5 lign.

Prefque tout le monde connoît cette Coquille, que l'on
trouve très communément dans
le fable des Jardins, avec lequel
elle a été apportée de la riviere.
Sa forme eft très large & peu
élevée. Elle ne décrit que deux
tours de fpirale ; l'un fort large
& l'autre très petit, formant un
petit œil. Son ouverture eft en
demi - cercle , fermée par un
opercule de même forme. Le
teft de la Coquille eft épais, &
lorfqu'on le prend dans l'eau ,
avec l'Animal vivant, il eft de
couleur,

couleur bleue noirâtre foncée,
quelquefois verdâtre ; son deffus eſt raboteux : mais quand
cette Coquille a été roulée dans
le fable, telle qu'on la trouve
dans les Jardins, elle a perdu
une partie de fa couleur, & il
ne reſte qu'un joli refeau, tantôt brun, tantôt rouge, quelquefois gris-de-lin, ou d'autres
nuances approchantes, fur un
fond blanc.

F

## L'ANCILE.  ANCYLUS.

| | |
|---|---|
| 2 Tentacules. | Tentacula 2. |
| Yeux placés à la base des tentacules, du côté intérieur. | Oculi ad basim interne. |
| Coquille univalve, concave & unie. | Testa univalvis, concava, æqualis. |

L'ANCILE a un caractere fort approchant de celui du Planorbe. Il n'a, pareillement, que deux tentacules, & ses yeux sont placés à leur base, du côté intérieur. Mais ce qui distingue ce genre de celui des Planorbes, & de tous les autres, c'est la forme de sa Coquille. Cette Coquille, faite comme un petit entonnoir plat & allongé, ou comme une petite nacelle, n'a

aucunes fpirales; elle eft concave d'un côté, convexe en deffus, & c'eft fous cette concavité qu'eft renfermé l'Animal,
défendu par fa Coquille, qu'il
tient ordinairement appliquée
contre les tiges des joncs. La
pointe qui forme le fommet de
la Coquille en deffus eft un peu
recourbée de côté, & elle n'oc-
cupe pas précifément le milieu
de la Coquille. On trouve dans
la Mer beaucoup de Coquilles
de cette forme, connues fous le
nom de *Patelles*, ou fous celui
de *Lepas*. Mais comme leurs
Animaux different un peu du
nôtre par quelques caractères,

nous avons cru devoir donner à celui-ci un nom différent, & nous l'avons appellé *Ancylus*, du mot Grec, Ἀγκύλος, qui signifie convexe, à cause de la forme de sa Coquille. Nous ne connoissons ici qu'une seule espece de ce genre.

## I. Ancylus.

*Linn. Faun. Suec.* 1293. Patella, testa membranea, ovali, mucrone reflexo.

*Linn. Syst. Nat. edit.* 10, *I, pag.* 783. *n.* 672. Patella, testa integerrima, ovali, membranea, vertice mucronato reflexo. Vulgò *Lacustris*.

*List. Angl.* 151 ; *t.* 2, *f.* 32. Patella

fluviatilis , fufca , vertice mucronato inflexo.

*Gualt. Teft. t. 4 , f. A A.*

*Argenv. Conchyl. II , t. 8 , f. 1 , p. I ,
t. 27 , f. 1.*

L'Ancile. Longeur 1 $\frac{1}{2}$ ligne.

L'Ancile eft très petit comme
on le voit par les dimenfions
que nous en donnons. Sa Coquille eft mince , tranfparente
& très fragile. Sa pointe en deffus eft aiguë & un peu recourbée. Ce petit Animal fe trouve
dans les rivieres, attaché aux tiges de jonc ; & c'eft ainfi que
l'a fait repréfenter M. d'Argenville, à la planche 27, de la

F iij

premiere partie de sa Conchy-
liologie , f. 1 , quatrieme Lepas
de cette figure.

# SECTION SECONDE.

## COQUILLES BIVALVES.

LES Coquilles Bivalves font compofées de deux battants, affez femblables, entre lefquels eft renfermé l'Animal, & qui s'ouvrent & fe referment par le moyen d'une efpece de charniere. Comme ces Coquilles s'ouvrent peu, & que l'Animal y eft adhérent & n'en peut fortir, il n'eft pas auffi aifé de déterminer le caractere de ces Animaux, que celui de ceux des Coquilles univalves. Cependant

F iv

on apperçoit quelques unes de
leurs parties, qu'ils font fortir
hors de leurs Coquilles, lorfqu'on les examine dans l'eau.
La plûpart ont des ouvertures,
ou efpeces de fiphons, tantôt
courts., tantôt plus allongés,
quelquefois frangés, d'autres
fois nuds, qu'ils font paroître,
par le moyen defquels ils afpi-
rent l'eau, & avec elle différents
corps qui leur fervent de nourriture, rejettant enfuite cette
eau ou par le même fiphon ou
par l'autre. Outre ces fiphons,
on voit encore fortir de la Coquille, quelquefois à la partie
oppofée, une autre partie fo-

lide, plus ou moins allongée, qui paroît lui servir de pied, & qui en a reçu le nom de la plupart des Naturalistes. Ce pied sert à la Coquille pour se mouvoir & changer un peu de place : je dis un peu ; car en général ces Animaux ne font pas beaucoup de chemin ; il y en a même qui restent toute leur vie attachés au même rocher ; telles font les huitres. C'est d'après la forme des siphons dont nous venons de parler, que nous avons tiré le caractere des Animaux qui habitent les Coquilles bivalves. Les Coquilles elles-mêmes nous ont fourni un autre caractere.

F v

Ces Coquilles, comme nous l'avons dit, font réunies par une espece de charniere, qui varie pour la forme : tantôt elle est unie & attachée seulement par une membrane affez forte, tantôt c'le est garnie de dents en plus ou moins grande quantité, qui s'emboitent les unes dans les autres. Enfin un dernier caractere, se prend de la forme même de la Coquille.

Les Animaux qui habitent ces Coquilles sont hermaphrodites; ils réuniffent les deux sexes: mais, bien différens des Limas & des Buccins qui sont pareillement hermaphrodites, on n'apperçoit

en les examinant, aucunes parties du fexe, foit mâles, foit femelles. Ils engendrent feuls fans
accouplement marqué. Cette efpece de production étoit nécef-
faire pour des Animaux dont plufieurs font immobiles & conf-
tamment attachés au même endroit. S'ils euſſent été diſtingués
de fexe, ou s'ils euſſent eu be-
foin d'un double accouplement,
comme le pratiquent les Limas,
quoiqu'hermaphrodites, leur re-
production feroit devenue impraticable.

Parmi ces Animaux les uns
font ovipares, les autres au contraire font vivipares, & produi-

F vj

sent des petits tout vivants, qui
naissent avec leurs petites Coquilles. Nous avons des exemples de ces deux especes de gé-
nérations dans le peu de Coquilles bivalves qui se trouvent
aux environs de Paris. Ces Coquilles se réduisent à deux seuls
genres, la Came & la Moule,
que nous allons examiner, & qui
sont aquatiques, ainsi que toutes
les bivalves.

## LA CAME.     CHAMA.

| | |
|---|---|
| 2 Siphons, simples & allongés. | Siphones 2, simplices elongati. |
| Charniere de la Coquille dentelée. | Cardo testæ dentatus. |
| Coquille arrondie. | Testa rotundata. |

I. Chama, globosa glabra, cornei coloris, sulco transverso.

*Linn. Faun. Suec. n.* 1336. Concha. *Nomen idem.*

*Linn. Syst. Nat. edit.* 10, *I, p.* 678, *n.* 57. Tellina. *Nomen idem.*

*List. Angl.* 150, *tab.* 2, *f* 31. Musculus exiguus, pisi magnitudine, rotundus, subflavus, ipsis valvarum oris albidis.

*Argenv. Conch. I, tab.* 27, *f.* 9, *n.* 4.

*Idem, Conchyl. II, t.* 8, *f.* 10.

LA CAME DES RUISSEAUX. Largeur
5, 7, 8 lignes.

Cette petite Came varie beaucoup pour la grandeur, comme
on le voit par les dimensions
que nous en avons données.
Elle est lisse en dehors, & sa
couleur est pâle, un peu jaunâtre, presque comme celle de la
corne. Si on prend ce Coquil-
lage vivant, & qu'on le mette
dans un bocal plein d'eau, il fait
bientôt sortir d'un côté de sa
Coquille un pied un peu allongé,
& de l'autre, deux siphons dont
les bords sont unis, & dont les
cavités se réunissent ensemble.

C'eft par ces Siphons qu'on lui
voit afpirer & rejetter l'eau, avec
laquelle il attire quelques brins
de mouffes, ou de petites plantes
aquatiques qui lui fervent de
nourriture. Mais une autre par-
ticularité, c'eft que fouvent dans
ce même bocal, on le voit ac-
coucher d'autres petits Coquillages vivants. Ainfi cette Came
eft vivipare. Si on fépare les deux
battants de la Coquille, on apperçoit à leur charniere deux petites dents. Les deux battans de
la Coquille font égaux, élevés,
renflés & arrondis. On trouve
très communément cet Animal

dans la riviere des Gobelins, &
dans les ruisseaux des environs
de Paris.

## LA MOULE.  MYTULUS.

| | |
|---|---|
| 2 Siphons courts & frangés. | Siphones 2, fimbriati breves. |
| Charniere de la Coquille membraneuse & fans dents. | Cardo teftæ membranaceus, edentulus. |
| Coquille allongée. | Tefta elongata. |

ON voit, par les caracteres que nous donnons de la Moule, qu'elle differe de la Came par trois endroits effentiels. Le premier eft la forme de fes Siphons, qui font frangés à leur extrémité, & fort courts ; au lieu que ceux de la Came font longs & fans aucune frange. Le fecond eft la ftructure de fa charniere qui n'a point de dents, mais une fimple rainure longue, dans la-

quelle entre une efpece de feuillet mince; mais au lieu de ces
dents, cette charniere eft affer-
mie par une forte membrane,
qui eft à l'extérieur de la Coquille. Enfin, la forme de la Coquille, qui eft allongée dans la
Moule, eft le dernier caractere
qui la diftingue de la Came,
dont la Coquille eft courte &
arrondie. La Moule fe fert de fes
fiphons de même que la Came;
c'eft-à-dire qu'elle afpire l'eau
par leur moyen, & la rejette enfuite, après en avoir tiré fa nourriture. Cet animal eft ovipare;
au lieu que la Came eft vivipare. Nous n'avons autour de

Paris, que les deux efpeces fui-
vantes.

I. Mytulus, tefta tenui, è fufco viridefcente, umbone non
prominulo.

*Linn. Faun. Suec. n.* 1332. Concha ,
tefta oblonga, ovata, longitudina-
liter fubrugofa, poftice compreffo-
prominula.

*Linn. Syft. Nat. edit.* 10, *I*, *p.* 706,
*n.* 219. Mytulus, tefta ovali, com-
preffiufcula, fragiliffima , margine
membranaceo, natibus decortica-
tis.

*Lift. Angl. p.* 146, *t.* 2, *f.* 29. Mufcu-
lus latus, tefta admodum tenui, è
fufco viridefcens, interdum rufefcens.

*Argenville, Conch. I, tab. 27, f. 10,*
*n. 5, 6, 7.*

*Idem, Conch. II, t. 8, f. 12.*

## LA GRANDE MOULE DES ETANGS.
Long. 6 ½ pouc. larg. 3 ½ pouc.

Cette grande Moule est en dedans d'une très belle couleur nacrée, & on apperçoit quelquefois dans son intérieur quelques élévations, comme des perles. En dehors elle est d'un brun verdâtre, & lorsqu'on la regarde à travers le jour elle paroît transparente & mince. L'endroit de sa charniere n'est nullement prominent, & se trouve plus près d'un des côtés, à peu

près à un tiers du bord de la Coquille. Le deſſus de cette Coquille a beaucoup de ſillons,
grands, tranſverſes & concen-
triques à l'endroit de la charniere. On trouve cette Coquille
dans les étangs. C'eſt ſans con-
tredit la plus grande de toutes
celles de ce Pays-ci.

II. Mytulus, teſta fuſca, umbone prominente.

*Liſt. Ang.* 149, *t.* 2, *f.* 30. Muſculus
anguſtior, ex flavo virideſcens, va-
lidus, umbonibus acutis, valvarum
cardinibus, velut pinnis donatis
ſinuoſis.

*Argenv. Conch. I*, *t.* 27, *f.* 10, *n.* 4.

*Idem, Conchyl. II, t. 8, f. 11.*

## La Moule des Rivieres. Longueur 1 ½ pouce, largeur 10 lignes.

Cette Moule reffemble beaucoup à la précédente, à la grandeur près; cependant on y trouve plufieurs différences. Premierement la couleur de la Coquille en dehors eft plus brune, tirant fur le verd brun, & quelquefois fur le noir. Secondement, l'endroit de la charniere eft plus éminent & beaucoup plus aigu que dans la grande Moule. Enfin, le deffous de la charniere, à l'intérieur fous cette éminence, forme un enfon-

cement considérable, accompa-
gné, à côté, d'une autre cavité
moins grande. On trouve cette
Coquille très communément
dans les rivieres.

## FIN.

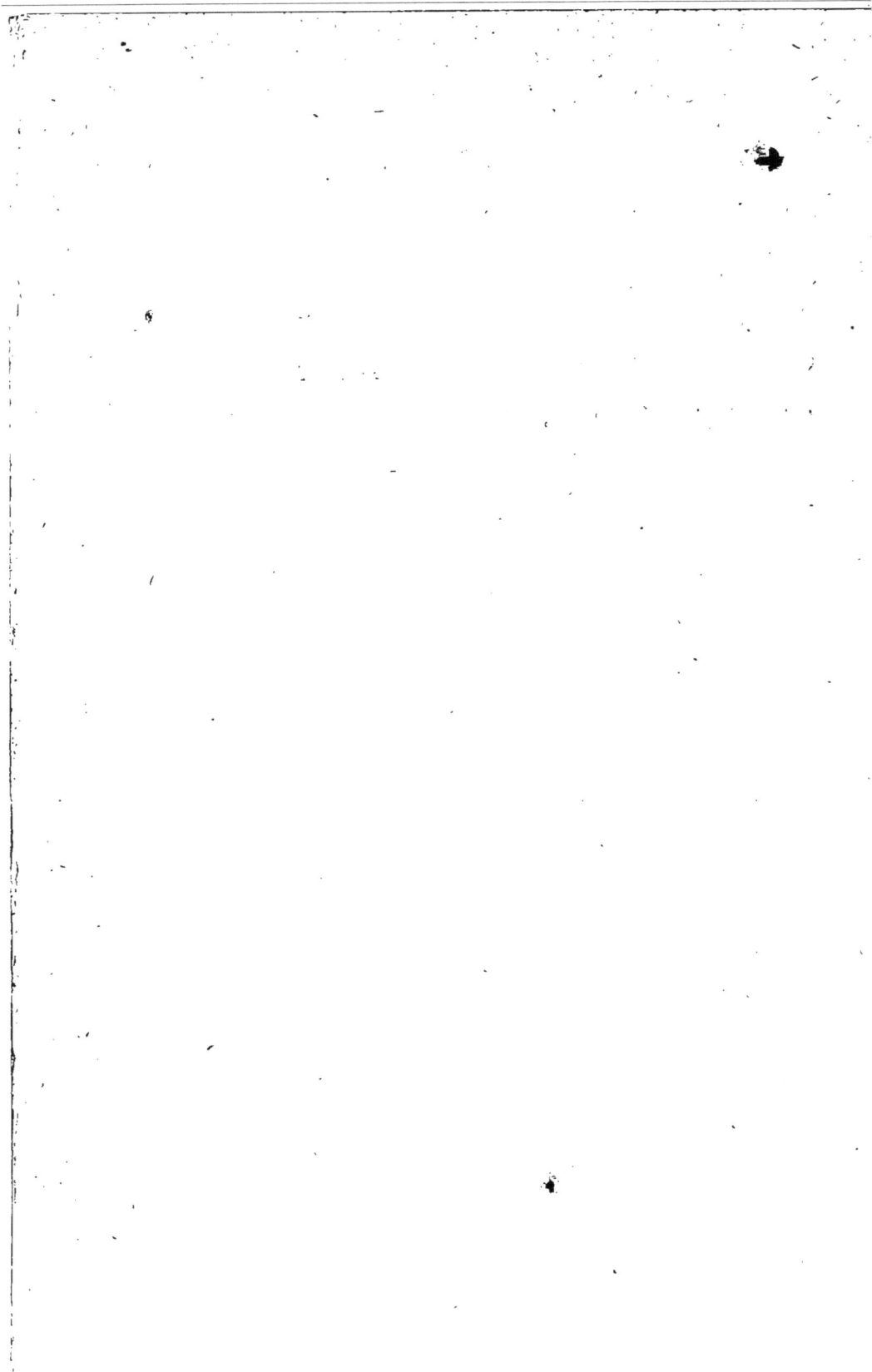

# RECUEIL

## Des Coquilles Fluviatiles et Terrestres

qui se trouvent aux environs de Paris.

*Dessinés gravées, et enluminées d'après nature par Duchesne, peintre d'Histoire naturelle.*

Univalves

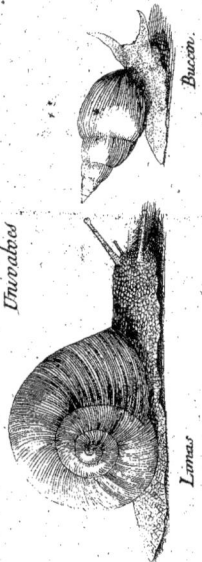

Limas

Nerite

Buccin.

Anale

Planorbe

Bivalves

Mirade

Came

Ces Coquilles disposées suivant l'ordre que leur a donné Mr Geoffroy Docteur Regent de la faculté de Medecine, dans son petit Traité des Coquillages des environs de Paris, sont au nombre de quarante six, divisées en deux familles : Celle des Univalves qui est la première et celle des Bivalves qui est la seconde.

Se vend chez l'auteur place St Landry pres le pont rouge en la Cité.

A PARIS

Duchesne del. et sculp.

Limas

Vigneron

Jardinier

Ivorié

Chartreuse — grande Striée — petite Striée — luisante — Volaille — Volaille à bouche triangulaire

transparente. — Bouton. — Lampe ou Planorbis terrestre.

Grand Ruban. — petit Ruban. — grain d'Orge. — grain d'Avoine brillante. — chatonampoulée.

Grand Bardlac. — petit Bardlac — aiguillette — ambrée ou Ambrée — Nompareille — Ventre étrillée

Bucan

Grand Bucan — petit Bucan — Bucan Ventru

Dubois del. et sculp.

Planorbe

Grand Planorbe a spirales rondes. P. à 6 sp. Hab. ronde P. à 4 sp. a arête. P. à 5 sp. a arête.
ronde

Nérite

P. en Vis. Porte Jaunet. Nérite Vivipare.

P. Bulle Aquatique.

Neritine

Vivipare a bandes

ancile

Came

Came des Ruisseaux

Moule

Grande Moule des Etangs

Moule des rivières

Duhamel del. et Sculp.

www.ingramcontent.com/pod-product-compliance
Lightning Source LLC
Chambersburg PA
CBHW071844200326
41519CB00016B/4223